맥주 한잔
퇴근 후

맥주 한잔

퇴근 후 1

조호철

리얼북스
RealBooks

알고 마시면 더 맛있는 맥주

갈증을 달래기 위해 한 잔, 마음이 답답할 때 한 잔, 기쁨을 나눌 때 한 잔, 분주한 하루를 마감하는 현대인들에게 맥주는 목마름을 달래주는 친구 같은 존재입니다. 마시기 편하고 기분 좋게 취할 수 있어 사람들은 오늘도 맥주 한 잔을 찾습니다. 부드러운 거품이 덮인 시원한 맥주를 들이킬 때의 시원함과 짜릿한 기분은 맥주 한 잔이 주는 여유로움입니다.

획일화된 맥주만을 마셔오다 어느 순간 수입맥주가 진열대를 점령하더니 지금은 이름도 생소한 크래프트 맥주가 다채롭게 출시되면서 맥주 애호가의 입맛을 즐겁게 합니다. 우리나라는 10여년 사이 세계에서 가장 다채로운 맥주를 접할 수 있는 맥주 전성시대를 맞이하였습니다. 퇴근길에 펍이나 편의점에 진열된 수많은 맥주를 접할 때나 빽빽한 메뉴판을 만나게 된다면 간혹 무엇을 마셔야 할지 행복한 고민을 할 때도 있습니다.

『퇴근 후, 맥주 한 잔』은 독자 분들이 취향에 맞는 맥주를 고르고 더 맛있게 즐길 수 있도록 썼습니다. 몇 가지 질문만으로 일행의 입맛까지 파악하여 맥주를 추천해 줄 수 있는 여유와 즐거움은 이 책의 독자 분들이 맛 볼 수 있는 시원한 희열입니다. 재미있는 맥주 이야기와 우리가 사랑하는 46가지 맥주들을 만나보고 취향의 맥주를 발견해보세요. 알고 마시면 더 맛있는 맥주! 맥주가 맛있는 온도와 시음, 맥주잔과 어울리는 음식까지 우리의 홈맥 시간이 한층 업그레이드됩니다.

저희 가족들도 홈맥을 즐기며 토론하고 테이스팅 노트를 쓰고 거들었습니다. 맥아와 홉으로 우리 가족을 위한 수제 맥주도 함께 만드는 것은 감동 그 자체였습니다. 맥주 발효통을 둘러 앉아 뽀글뽀글 술 익는 소리와 새콤달콤한 발효향기를 맡으며 맥주 이야기에 빠져 시간가는 줄 몰랐던 행복한 시간이었습니다. 이 책에는 원액캔을 사용하여 쉽게 맥주를 만드는 방법부터 오바마 대통령이 빚어 마셨던 백악관 허니 포터, 요즘 대세 IPA 만드는 법도 소개되어 있어 마음만 먹으면 홈 브루어(맥주양조가)가 되어 나만의 맥주를 만들어 볼 수도 있습니다.

지금까지 다양한 맥주를 만들어 보았고, 수많은 맥주를 마시는 행복을 누려온 그 감동의 맛과 향기를 독자 분들과 나누고 싶습니다.

다양한 맥주 속에서
취향을 발견하길 바라며
조호철

퇴근 후,
맥주 한 잔

맥주는 평범한 듯하면서도 느껴지는 깊은 맛과 종류에 따른 미묘한 차이가 매력적이다.

Chapter 01,
about Beer

어바웃 맥주

무한한 향과 맛을 가진,

맥주의 원료

물

물맛이 좋아야 술맛이 좋다는 이야기처럼 물이 성분의 90%를 차지하는 맥주는 사용하는 물맛에 따라 맥주의 맛도 큰 차이가 난다. 그 지역의 물의 성질을 잘 이해하고 활용하면 맥주의 개성과 독특한 맛을 살릴 수 있다.

일반적으로 밝은색 맥주를 만들 때는 미네랄 함량이 비교적 적은 연수를 사용하고 흑맥주처럼 색이 진한 맥주는 미네랄 함량이 풍부한 경수를 주로 사용한다. 최근에는 물을 정수 처리한 뒤에 생산하고자 하는 맥주의 스타일에 따라 특정 성분을 첨가하여 물의 특성을 조절한다. 예를 들면 영국 버튼식 페일 에일을 만들려면 정수 처리한 물에 식용석고(황산칼슘)을 넣어 만들 수 있다.

맥아(몰트, MALT)

보리에 싹을 틔워 건조한 것으로 알코올이 만들어지는 원료인 동시에 맥주에 풍미와 무게감을 제공하고 맥주의 색을 결정한다. 맥아를 건조 시킬 때 어떤 온도로 가열하느냐에 따라 맥주 색의 진함이 달라진다. 필스너 몰트, 페일에일 몰트와 같이 낮은 온도에서 구운 밝은색 맥아는 기본이 되는 맥아다.

맥주는 물, 보리, 홉, 효모 4가지의 기본 재료를 사용하여 무한한 향과 맛을 가진 맥주를 만들어낸다.

반면 좀 더 고온에서 구운 크리스털 몰트, 캐러멜 몰트 등을 스페셜 몰트라고 부르는데 이 몇 가지를 조금씩 혼합하여 사용하면 브라운 계열의 색이 진하고 무게감 있는 맥주를 만들 수 있다. 스페셜 몰트는 견과류, 비스킷, 토스트, 캐러멜과 같은 향기와 풍부한 맛을 맥주에 제공하고, 무게감이나 거품을 오래 유지하는 효과도 있다. 블랙 몰트나 태운 보리를 10~20% 섞어서 만들면 흑맥주가 된다.

효모(Yeast)

맥주를 만들 때 꼭 필요한 미생물인 효모를 영어로는 '이스트(Yeast)', 독일어로는 '헤페(Hefe)'라 부른다. 효모는 맥아즙 속의 당분을 먹고 알코올과 이산화탄소를 뱉어내며 맥주를 만들며 과일, 꽃, 바닐라와 같은 좋은 향기를 더한다.

효모의 특성을 알면 마셔보지 않고도 대략적인 향과 맛을 추측하는 데 많은 도움이 된다. 맥주를 스타일별로 구분할 때, 첫 단계가 바로 어떤 효모를 사용했는지를 파악하는 것이기 때문이다. 맥주를 빚는 데 사용하는 효모는 종류에 따라 상면발효 효모, 하면발효 효모, 야생 효모 3종류로 구분된다.

홉(HOP)

맥주에서 크리미한 거품, 쌉싸름한 맛, 은은한 풀과 흙 향기, 폭발하는 열대 과일의 향을 뿜어내는 것이 바로 '홉' 때문이다. 홉의 수지 성분과 아로마 오일은 맥주의 풍미를 좌우하며 맥주 거품을 풍부하게 오래 유지되도록 하고 부패를 방지하여 맥주를 오랫동안 보존할 수 있게 한다. 홉의 종류만 해도 수백여 종에 이르며 독특한 향과 맛을 가진 홉을 사용한 개성 있는 맥주들이 점점 늘고 있다. 최근에는 홉의 품종을 강조하기 위해 직접 상표에 표시하기도 한다.

미국을 대표하는 캐스케이드 홉은 레몬, 포도, 자몽 향과 강렬한 꽃향기를 가지고 있고, 크래프트 맥주에 가장 인기 있다. 체코를 대표하는 오랜 전통을 가진 사츠 홉은 레몬과 풀 향, 흙냄새와 부드러운 쓴맛이 일품으로 필스너 우르켈의 홉으로 유명하다. 뉴질랜드에서 개발된 넬슨 소빈 홉은 구스베리와 포도, 열대과일 향을 가지고 있어 이 홉으로 만든 맥주는 샴페인을 떠올리게 한다. 호주를 대표하는 갤럭시 홉은 패션 프루츠, 파인애플, 시트러스 향과 강렬한 열대과일 향을 발산하며, 개성 강한 맥주에 많이 사용한다. 일본의 소라치 에이스 홉은 레몬과 코코넛 향, 기분 좋은 쓴맛을 가졌다. 시트라 홉은 자몽, 오렌지, 라임, 감귤, 리치 등 강한 아로마를 가진 미국산 홉이다.

부재료

더욱 특별하고 개성 있는 맥주를 만들기 위해서는 기본 네 가지 재료 외에도 다양한 부재료가 사용된다. 최근 크래프트 맥주가 크게 유행하면서 과일, 향신료, 초콜릿, 커피 등 맥주 원료의 경계를 허무는 특별한 부재료를 첨가한 스페셜 맥주들이 늘어나고 있다.

보리와 밀 외에 맥주에 사용하는 곡류에는 귀리, 호밀, 수수, 쌀, 옥수수 등이 있다. 호밀 몰트가 들어간 맥주는 점도가 높아 목 넘김이 부드럽고 빵 껍질과 같은 독특한 맛이 특징이다. 글루텐 흡수 장애 또는 과민 반응을 보이는 셀리악병 환자는 보리 맥주, 밀 맥주를 마시지 못하지만, 글루텐이 없는 귀리 맥주는 마실 수 있다.

라거에는 쌀, 옥수수와 같은 부원료를 일부 사용한다. 맥아를 100% 사용하게 되면 쓴맛이나 무게감이 강하지만, 부재료를 일부 사용하면 부드러우면서 가벼운 풍미를 가진 마시기 편한 맥주를 만들 수 있다.

전통을 고수하며 독특한 맥주를 많이 빚는 벨기에에서는 오래전부터 체리, 오렌지, 복숭아 같은 과일을 맥주 양조에 사용했다. 허브류와 민트, 고수, 오렌지 껍질 또한 소량만 사용하여도 맥주에 독특한 풍미를 주기 때문에 널리 사랑받는 부재료다.

실제 양조장 엿보기,

맥주의 공정

1단계 : 맥아 제조

보리를 물에 담가 공기를 불어넣어 주면 싹과 뿌리가 돋아나고, 싹이 튼 보리를 건조시켜 맥아를 만든다.

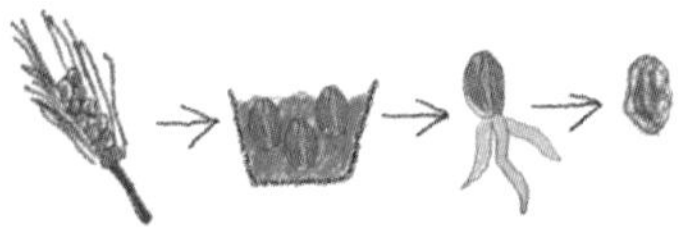

2단계 : 담금

맥아를 빻아 물과 함께 넣고 적정 온도를 유지하면 맥아 속의 효소가 전분을 분해하여 당분으로 만들어 달콤한 맥아즙이 된다. 이 과정을 '당화'라고 한다. 당화가 끝나면 여과 탱크에서 맥아 껍질을 걸러 맑은 맥아즙을 만들고 홉을 넣어 향과 쓴맛을 더해주는데, 이 과정을 통틀어 담금 공정이라고 부른다.

3단계 : 발효 · 숙성

맥아즙을 차갑게 식혀 발효 탱크에 옮긴 후, 효모를 넣어 주면 발효가 시작된다. 발효가 끝난 술은 숙성 탱크로 옮겨져 숙성 과정을 통해 깊고 부드러우면서

맥아제조, 담금, 발효와 숙성, 여과, 병 또는 캔 봉입의 과정으로 맥주를 양조한다.

청량감이 뛰어난 맥주가 만들어진다. 발효와 숙성은 짧게는 9일에서 길게는 3개월까지 걸린다.

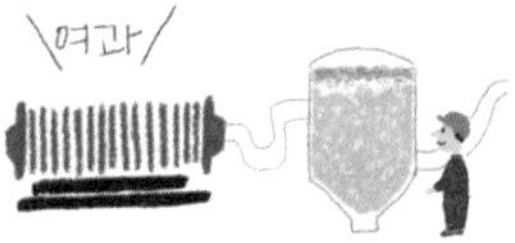

4단계 : 여과

숙성이 끝난 맥주를 정밀한 여과기로 걸러 효모와 찌꺼기를 제거하면 맑고 영롱한 빛의 맥주가 된다.

5단계 : 병 또는 캔 봉입

여과를 거친 맥주는 병이나 캔에 담아서 뚜껑을 막고 외관과 용량 검사기를 이용해 술의 양까지 철저히 검사한 후 상자에 담는다. 양조장의 맥주 관능검사 전문가가 시음을 통해 맛을 꼼꼼히 체크하여 품질에 이상이 없는 제품을 출고한다.

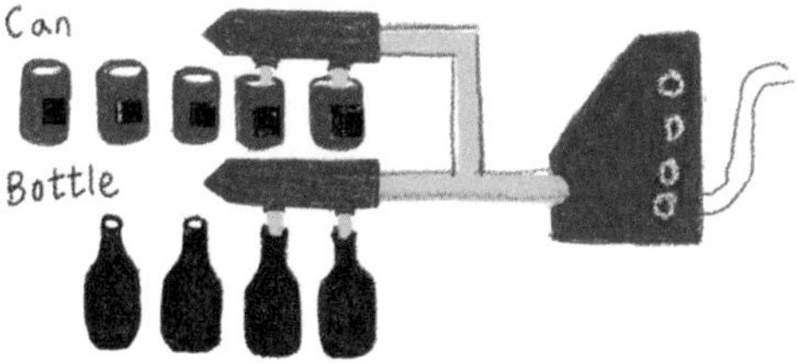

한눈에 살펴보는,

맥주 스타일 탐구

하면발효 맥주(Lager)

낮은 온도에서 발효시키는 맥주를 하면발효 맥주 또는 '라거(Lager)' 라고 한다. 효모가 발효할 때 발효통 아래로 가라앉는다고 하여 붙여진 이름이다. 낮은 온도에서 발효하는 라거 맥주는 부드럽고 깔끔하며 비교적 단맛은 적고 특색이 튀지 않아 부담이 없고 편하다. 이산화탄소가 낮은 온도에서 맥주에 더 많이 녹기 때문에 탄산의 함량이 높고 청량감이 뛰어나다.

상면발효 맥주(Ale)

춥지 않은 상온에서 빚는 맥주를 말하며 흔히 '에일(Ale)' 이라고 한다. 맥아즙이 발효할 때 효모가 발효통 표면에 떠올라 상먼에서 발효한다고 해서 붙여진 이름

세상의 모든 맥주를 발효 방식에 따라 분류하면 하면발효 맥주(Lager), 상면발효 맥주(Ale), 자연발효 맥주(Wild beer) 세 가지로 나눌 수 있다.

이다. 높은 온도에서 발효하는 에일 맥주는 상큼한 과일 향, 꽃향기, 허브향 등의 향기가 강하며, 단맛이 조금 있는 묵직한 풍미의 맥주가 된다.

자연발효 맥주(Wild beer)

에일 효모와 라거 효모가 선별 또는 개량 과정을 거쳐 우수한 효모만 분리해낸 배양 효모라면, 야생 효모는 자연에 존재하는 수많은 종류의 효모를 분리 배양하지 않고 그대로 사용하는 효모를 말한다. 야생 효모도 에일 효모의 일종으로 대부분 상온에서 발효시킨다. 자연 발효 맥주는 오랫동안 대기에 노출된 채로 발효시켜 유산균뿐만 아니라 다른 미생물도 함께 발효함에 따라 맥주 맛의 변화도 심하며 와인과 같이 새콤한 맛을 가진 아주 독특한 맥주가 된다.

달콤한 꿀에서 시작된,

맥주, 최초의 흔적

고대 북유럽에는 벌꿀술에 얽힌 이야기가 전해진다. 당시에는 납치 혼이 성행했는데, 성인이 된 남성들은 결혼하기 위해 인근 부족에서 여성을 납치하는 경우가 많았다. 딸을 찾아 나선 신부의 아버지가 지쳐 포기할 때까지 숨어 지낸 은밀한 도피 기간에 신랑과 신부에게는 매일 꿀로 만든 술 '미드(mead)'가 주어졌다. 이 한 달 동안의 기간을 허니문(honeymoon)이라고 불렀고, 오늘날 결혼 직후의 즐겁고 달콤한 신혼을 의미하는 말로 자리 잡았다. 벌꿀이 있으면 술을 아주 쉽게 만들 수 있다. 벌꿀과 물을 1 대 2 정도로 섞은 꿀물을 며칠간 그대로 두기만 해도 제법 알코올이 있으면서 달콤새콤한 벌꿀 술이 만들어진다. 이 꿀물을 술로 바꾸어주는 마법의 정체가 바로 효모다. 효모는 공기, 흙, 나무, 풀, 과일, 꽃 등 어디에나 존재하는 작은 미생물로, 효모가 꿀 속의 달콤한 당분을 먹고 발효시키면 달콤한 술이 된다.

그렇다면 딱딱한 보리는 어떤 방식으로 술이 될까? 보리는 포도당이 수없이 많이 연결된 형태인 전분으로 가득 차 있다. 전분을 잘게 쪼개어 당분으로 바꿔 주어야 효모가 이것을 이용해서 술을 만들 수 있다. 보리를 달콤한 액제로 만드는 방법은 식혜를 만드는 과정과 비슷하다. 식혜를 만들 때 보리를 물에 잘 불려 싹을 틔운 후 건조시킨 엿기름을 사용하는데, 이 엿기름이 바로 맥주의 원료인 맥아와 같은 역할을 한다. 엿기름가루를 물에 잘 푼 효모는 공기, 흙, 나무, 풀, 과일, 꽃 등 어디에나 존재하는 작은 미생물로, 효모가 꿀 속의 달콤한 당분을 먹고 발효시키면 달콤한 술이 된다.

다음 찌꺼기를 걸러내고 밥과 섞어 따뜻한 곳에 두면 달콤한 식혜가 된다. 식혜에 효모를 넣어주면 벌꿀 술처럼 발효되어 우리가 기대하는 맥주가 된다. 효모는 당분을 먹고 알코올과 이산화탄소를 만들고, 그 이산화탄소의 일부는 맥주에 녹아들어 톡 쏘는 탄산과 풍부한 거품을 만든다. 식혜에 맛을 가미하기 위해 생강, 계피를 넣듯이 맥주에 홉을 넣어주면 쌉싸름한 맛과 독특한 향이 생기고 거품이 더 풍성해진다.

술을 빚는 기술은 벌꿀에 물을 타 두거나 달콤한 과일을 으깨어 두기만 하여도 자연에 존재하는 효모가 활동하여 술이 만들어지므로 채집 생활을 했던 원시인들도 어렵지 않게 터득할 수 있는 발효 기술이었다. 그렇지만 벌꿀이나 과일의 채집은 계절에 영향을 받기도 하고, 많은 양을 확보하기는 어렵다 보니 술은 누구나 풍족히 마시기는 어려운 특별한 음료였다. 인류가 본격적으로 술을 즐기기 시작한 것은 농경 생활을 통해 많은 곡식을 수확하고, 이 곡물을 이용하여 술을 빚는 방법을 터득하면서부터로 추정된다. 기원전 4000년경 메소포타미아 문명의 발상지인 티그리스강과 유프라테스강 사이의 초승달 모양의 비옥한 땅에서는 일찍이 수메르인들이 보리와 밀 농사를 발달시켰는데 이들에 의해 맥주가 탄생했다.

또 다른 문명의 발상지 이집트에서도 맥주가 활발히 빚어진 흔적이 남아있다. 고대 이집트에서는 맥주가 대중화되어 서민, 노예, 귀족들까지 계층 구분 없이 음료뿐 아니라 영양이 풍부한 식사 대용으로도 마셨다. 재미있는 것은 술을 마시고 토하는 사람의 모습이나 항아리에 담긴 맥주를 빨대를 사용하여 마시는 장면의 벽화도 함께 전해지고 있다. 파라오의 무덤에서도 황금 빨대가 발견된 것으로 보아 왕족이 사용한 것으로 보이고 일반적으로 파피루스 줄기나 갈대를 빨대로 이용했다고 한다. 아마도 보리 껍질을 걸러낼 수 있는 여과 기술이 발달하

지 않아 빨대를 사용했을 것으로 짐작된다.

이집트의 군대는 정복 전쟁을 치를 때 맥주 양조자를 대동하였고, 정복지의 국민에게 양조기술을 전수하였다. 인더스강 유역에서 유럽 인근 지역까지 진출한 이집트 군대의 이동로를 통해 맥주의 양조법이 널리 알려지게 되었다. 당시에는 수질이 나빠 전쟁기간에 물로 인한 질병과 풍토병이 많았는데, 맥주 속의 알코올은 살균력이 있어서 세균으로부터 안전하였기 때문에 오염된 식수 대신 마시는 음료인 동시에 고통을 잊게 만드는 치료제이기도 했다.

유럽 적응기,

맥주, 유럽에 진출하다

풍성하게 수확한 포도로 만든 와인 문화가 지배계층을 중심으로 꽃피기 시작한 유럽에서 맥주는 그리 후한 대접을 받지 못했다. 와인을 상류 문화로 여겼던 그리스인의 음주 풍습은 고스란히 로마로 이어졌다. 그렇더라도 서민들은 구하기 쉽고, 나름 영양 면에서 훌륭한 맥주를 즐겨 마셨다.

유럽에서는 언제부터 맥주를 마시기 시작했을까? 맥주에 대한 최초의 기록은 서기 1세기경 게르만족이 로마와 영토 전쟁을 치른 시기다. 당시 와인을 즐기던 로마 상류층들로부터 보리로 빚은 맥주를 즐겨 마시던 게르만족들은 야만인이었다. 로마 지배의 영향과 포도의 생육에 적합한 기후인 이탈리아, 스페인, 포르투갈, 프랑스, 독일 남부 지역에서는 와인이 발달했고 반대로 한랭한 기후로 포도 재배에 적합하지 않은 켈트족, 게르만족이 거주하던 독일 북부, 영국, 덴마

유럽에서는 언제부터 맥주를 마시기 시작했을까? 오래 전, 와인을 즐기던 로마 상류층들로부터 보리로 빚은 맥주를 즐겨 마시던 게르만족들은 야만인이었다.

크, 네덜란드 등지의 북유럽 국가를 중심으로 맥주가 발달했다. 가톨릭교회가 로마 제국의 전통을 대부분 계승하면서 맥주는 하급의 술이라는 인식을 벗지 못한 채, 수백 년을 지냈다.

한편, 로마의 지배를 받지 않았던 아일랜드 지역은 맥주를 즐겨 마셨다. 5세기경 성 패트릭 신부가 기독교를 전파하기 위해 아일랜드로 이주하면서 포도 재배가 어려웠던 아일랜드의 기후와 맥주를 즐겨 마시는 아일랜드의 전통, 새롭게 등장한 기독교 교리가 잘 결합하여 빠르게 정착했다. 이후 크게 부흥한 아일랜드의 기독교는 많은 선교사를 유럽 곳곳에 파견하여 기독교 전파에 앞장섰다. 이 선교사들이 세운 수도원에서 양조장을 갖추고 맥주를 빚기 시작하면서 유럽 곳곳으로 맥주가 퍼져 나갔다. 당시 엘리트 집단이었던 수도원의 수사들에 의하여 양조기술과 원료의 개량이 이루어졌고, 제조법이 획기적으로 발전하면서 현대 맥주의 기초가 확립되었다.
13세기 중반 도시가 발전하면서 맥주 양조의 주도권이 시민 계급으로 넘어갔고, 개인도 맥주를 빚어 판매할 수 있게 되었다. 점차 경쟁이 심해지지자 시민계급이 연대하여 '길드(Guild)'라는 조합을 형성하였고 수도원 맥주와 더욱 치열한 경쟁을 벌이며 품질을 높이기 위해 큰 노력을 기울였다. 그 덕분에 길드가 발달한 북독일의 맥주 품질은 이 시기에 크게 향상되었다.

근대로 넘어가는 길목에서 유럽은 독일을 무대로 종교전쟁에 휘말린다. 30년 동안 지속된 종교전쟁으로 북독일의 도시들은 모조리 파괴되었고, 남독일의 포도밭 역시 와인 양조가 어려울 정도로 치명적인 타격을 입었다. 망가진 포도밭을 복구하는 데에 수년이 소요되다 보니 와인을 마실 수 없게 된 남부 독일의 바이에른 공국에서는 맥주 양조로 빠르게 전환하였고, 훗날 세계맥주의 중심지로 성장하였다. 이 바이에른 공국의 수도가 바로 오늘날 맥주의 도시로 알려진 뮌헨이다.
18세기 산업혁명으로 크게 부흥했던 영국은 양조기술은 물론 맥주 품질 면에서 전 세계의 모범으로 성장했다. 우리가 흑맥주라고 부르는 포터나 스타우트를 비롯하여 색이 옅고 밝은 '페일 에일'이라는 새로운 스타일을 만들어 선풍적인 인기를 끌면서 전 세계로 퍼져나간다. 하지만 전 세계를 휩쓸었던 에일의 인기는 그리 오래 가지 못했다. 1800년대 후반 체코에서 만든 하면발효 맥주인 필스너가 유럽대륙을 넘어 세계로 퍼져 나가면서 청량하고 부드러운 라거는 에일에 익숙한 영국인의 입맛도 돌려놓기에 이른다.

새로운 에일의 탄생,

크래프트 맥주의 시작

미국으로 건너간 라거는 더 부드럽고 마시기 편하며 탄산 함량이 풍부한 '아메리칸 페일 라거'로 탄생하면서 인기몰이를 했다. 이 미국식 라거는 눈부신 산업화의 성장과 결합하여 대량생산 체제를 갖추고 전 세계의 맥주 시장을 점령해 나갔다. 대량생산, 소비에 적합한 라거가 맥주 계를 평정한 '라거 시대'가 100여 년간 이어졌던 1970년대 초반, 산업화 속에 멀어져 간 에일을 그리워하는 이들이 생겨나며 영국에서는 옛 영국 맥주의 전통을 되살리자는 움직임이 일어났다.

CAMPAIGN FOR REAL ALE

'진짜 에일 캠페인(Campaign for Real Ale)' 알파벳의 첫머리를 따라 캄라(CAMRA)로 불린 이 캠페인은 옛날 영국을 대표했던 전통 에일 맥주의 맛을 되살리자는 소비자 운동이다. 획일화된 대기업 라거 맥주에 식상함을 느낀 사람들이 이제는 새로운 맛이 된 전통의 부활을 꿈꾸기 시작한 것이다.

이때, 미국에서는 집에서 직접 맥주를 만드는 홈 브

비슷비슷한 맛과 향기의 라거만 마셔왔던 사람들은 깊고 진한 크래프트 맥주에 열광했고 크래프트 맥주의 수요가 점차 증가하면서 새로운 분야의 시장을 형성했다.

루잉이 유행하기 시작했다. 그저 취미 삼아 조금씩 빚은 것이지만 그 특별한 맥주의 맛을 혼자 즐기기 아까웠던 개인 양조자들이 작은 양조장을 설립하여 이웃에 조금씩 판매를 시작했다. 바로 소규모 수작업으로 빚는다고 하여 '크래프트 맥주(Craft Beer)' 또는 '수제 맥주'라 불리는 새로운 맥주 시장이 열린 것이다.

대형 양조장에서 대량 생산하는 획일화된 라거 맥주가 아니라 작은 규모의 양조장에서 맛과 종류를 달리하여 개성 넘치는 에일 맥주를 생산해냈다. 예전의 영국식 에일을 재현하는 데 그치지 않고, 과일과 꽃향기가 가득한 미국식 홉을 넣고, 페일 에일과 IPA를 새롭게 해석해 완전히 새로운 맥주를 만들어 냈다. 비슷비슷한 맛과 향기의 라거만 마셔왔던 사람들은 깊고 진한 크래프트 맥주에 열광했고 크래프트 맥주의 수요가 점차 증가하면서 새로운 분야의 시장을 형성했다.

알고 보면 맥주 소비 강국,

한국의 맥주 이야기

구한말 개항과 함께 한반도에 맥주가 처음 소개된 이래로 일제강점기 시절 일본인에 의해 1933년 조선맥주, 소화기린맥주가 세워졌다. 이들이 해방과 함께 민간으로 넘어가면서 하이트진로, 오비맥주가 그 계보를 이었다. 1990년대 이전까지만 하더라도 외국 맥주를 접할 기회가 무척 드물었다. 1984년 처음 맥주 수입이 개방화되었고 1989년 해외여행 자유화가 시행되면서 해외에서 현지의 맥주들을 접할

2010년대에 접어들면서 많은 시행착오를 겪으면서 품질 경쟁력까지 확보한 한국의 크래프트 맥주의 제2의 전성기가 시작되었다.

기회가 늘어났다. 다양한 패턴과 색다른 맛을 찾는 젊은 층을 중심으로 외국 수입 맥주에 대한 관심은 더욱 고조되어 이들의 입맛을 공략하는 수입 맥주들이 속속 국내 시장에 진출하면서 즐길 수 있는 맥주의 종류도 점차 늘어났다. 2010년대에 접어들면서 대규모로 공급하는 획일화된 국산 맥주의 맛에 대한 불신과 함께 수입 맥주가 선풍적인 인기를 끌었다. 2011년 EU, 미국 등 수입 맥주에 부과되었던 관세가 점진적으로 철폐되고 가격경쟁이 더 유리했던 수입 맥주는 편의점 4캔 만원 상품으로 등장하고 가히 열풍이라 불릴 만큼 폭발적인 성장세가 이어졌다.

대형 맥주 양조장만 존재했던 국내의 맥주 양조 시장도 영업장 내에서 맥주를 만들어 고객에게 판매하는 소규모 맥주 제조장(Micro Brewery)이 허용되면서 색다른 맛의 크래프트 맥주는 도입되자마자 소비자로부터 많은 인기를 끌었다. 하지만 급작스럽게 도입된 탓에 숙련된 양조기술자와 양조기술의 부족으로 기대 이하의 품질이라는 평가를 받으면서 크래프트 맥주는 국내 소비자로부터 외면받게 되었다. 그러나 2010년대에 접어들면서 페일 에일과 IPA로 무장한 미국의 크래프트 열풍이 한국까지 불었고, 많은 시행착오를 겪으면서 품질 경쟁력까지 확보한 크래프트 맥주의 제2의 전성기가 시작되었다.

고대인들은 복잡 미묘한 양조법을 어떻게 터득하여 맥주를 빚어 마셨을까? 그 답은 일찍이 문자를 사용한 수메르인들과 이집트인들이 맥주 양조법을 적어둔 벽화와 토판의 기록으로부터 엿 볼 수 있다.

식량이 풍부하지 않았던 고대인들은 수확하여 보관해 둔 곡식이 홍수나 폭우로 인해서 물에 젖어 싹이 나더라도 버리지 못하고 말려서 보관했다. 의도한 것은 아니었지만 이 과정에서 맥아가 만들어졌고, 퍼석퍼석한 상태의 맥아는 가루로 만들기도 쉽고 물에 풀면 단맛이 나면서 소화도 잘되었다. 맥아를 가루 내어 물에 풀어 둔 달콤한 죽은 자연에 존재하는 효모에 의해 며칠간 발효되어 술이 되었고, 우연히 만들어진 맥주를 경험한 고대인들은 마음껏 만들어 즐길 수 있게 되었다. 약 3500년경의 이집트의 케나몬 무덤 벽화에는 특별한 곡주 제조법이 상세히 묘사되어있다. 이집트인들이 맥아를 가루 내

반죽한 다음 빵을 굽고, 찢은 후 물에 불려서 며칠간 두고 발효된 특별한 형태의 곡주를 만든 것을 알 수 있다. 곡물죽과 빵을 이용하면 적은 양의 곡물로도 넉넉히 맥주를 만들 수 있었고 영양도 풍부하다 보니 식사 대용으로도 적합하였다. 그래서 맥주를 '액체의 빵'으로 부르기도 했다.

얼마 전까지만 해도 유럽의 맥주는 고대 이집트 문명으로부터 전파된 것으로 알려져 왔다. 그러나 최근 학계에서는 유럽에서 빚어온 맥주는 고대 문명에서 전파된 양조법과는 전혀 무관하다고 보고 있다. 이 둘의 가장 큰 차이는 대형 솥의 사용과 효모의 투입이다. 고대의 게르만 문헌에는 빻은 맥아와 물을 솥에 넣고 약한 불에 끓인 뒤 맥주 통에 담고 꿀을 첨가하여 술을 만드는 방법이 기록되어 있다. 이 당화 과정을 위해 무려 500L에 이르는 거대한 청동 가마솥을 사용하였다고 한다. 곡물을 끓이면 야생의 효모가 죽어버리기 때문에 발효가 일어나지 않는다. 그래서 효모가 풍부하게 들어있는 벌꿀을 첨가하여 발효시키는 것이고, 이 시기에 비로소 발아된 곡물의 당화 후 효모를 첨가하여 발효를 시키는 현대와 유사한 2단계 발효 방식의 맥주가 만들어지기 시작한 것이다.

유럽의 옛 마을은 우물을 중심으로 집들과 가축우리, 화장실 등이 장방형으로 수백, 수천 명의 사람이 모여 사는 거주 형태가 많았다. 하수도 시설이 발달하지 못하였으니 마을의 우물은 늘 불결한 위생환경으로 세균에 오염되기 쉬웠다. 깨끗한 식수를 구하기도 어려웠고 오염된 식수로 인해 질병에 걸려 죽음에 이르는 경우도 많았다. 이러다 보니 맥주가 오염된 식수의 대안이 되기도 했다.

맥아즙과 홉을 넣고 끓이는 과정에서 세균이 죽게 되고 거기에 맥주의 알코올과 홉의 살균력이 박테리아의 번식을 억제하니 보다 안전한 음료였다. 세균에 의해 물이 오염된다는 사실을 알지 못했던 옛날 사람들도 물을 마시는 것보다 맥주를 마시는 것이 질병에 적게 걸린다는 것을 경험으로 체득하였고, 맥주는 '생명의 물'로 자리 잡았다. 또한, 유럽은 석회와 탄산이 많이 함유된 물이 나는 곳이 많다. 이런 경우 물을 그대로 마시기는 힘이 드니 물보다 맥주를 음용하는 것이 일반화되었고, 유럽지역에서 맥주가 크게 발달한 이유가 되었다.

매일 마시는 세균에 오염된 우물물은 알고 보니
사신이 떠주는 물이었다는 섬뜩한 풍자 그림

튀지 않는 몰트 향, 쌉싸름한 홉의 풍미, 풍부한 청량감, 부드러운 목 넘김이 매력적인 맥주.

Chapter 02,
about Lager

어바웃 라거

세계에서 가장 사랑받는,

라거의 탄생

19세기 초까지만 해도 맥주는 차갑지 않은 온도에서 상면 발효 방식으로 빚는 에일이 전부였다. 빵과 와인을 발효시킬 때는 물론이고 막걸리, 약주, 소주, 위스키, 브랜디 등 세계 대부분의 술도 상면발효 효모에 의해 상온에서 만들어진다. 하지만, 이 상온 발효 술의 문제는 세균에 오염되기 쉬워 양조 과정에 술이 부패하는 경우가 많았다.

15세기 즈음 독일 남부 바이에른의 일부 양조업자들은 겨울의 차가운 날씨에서 장시간 발효, 숙성시킨 맥주가 잘 상하지도 않으면서 맛이 깔끔하고 부드러운 향기를 가진다는 사실을 우연히 알게 되었다. 발효통 바닥에 가라앉은 찌꺼기를 퍼내어 다음번 맥주 담글 때 넣어주면 비슷한 맛의 맥

최근 크래프트 맥주의 유행으로 에일 계열 맥주가 진열대를 차지하는 비중이 늘고 있기는 하지만, 편의점이나 맥주 전문점에서 접할 수 있는 맥주 대부분은 지구촌에서 압도적인 사랑을 받는 라거다.

주를 실패 없이 지속해서 만들 수 있다는 것도 발견하였다. 그로부터 4백 년이 지난 후, 과학기술이 발달하면서 낮은 온도에서 발효가 가능했던 것이 하면발효 효모 덕분이었다는 것을 알게 되었다. 발효 찌꺼기 속에 있던 효모를 새로운 맥주 양조에 넣어주는 행위를 통해 수백 년을 대물림해왔고, 그렇게 라거가 탄생하였다.

라거는 독일어로 '저장하다'라는 뜻의 라게른(Lagern)에서 파생되었다. 독일에서는 완성된 맥주를 보관하기 위해 산에 굴을 판 다음 강에서 잘라 온 얼음을 채워 저장실을 만들었는데, 이렇게 맥주를 보관하는 것을 '라거(Lager)'라고 불렀다. 겨울철 얼음으로 저장을 해두면 가을까지 낮은 온도에서 발효와 숙성을 할 수 있었고, 완성된 맥주 역시 여름을 넘기더라도 상하지 않게 보관할 수 있었다. 상하기 쉬운 에일 맥주로는 상상도 할 수 없는 방식이었다. 더 나아가 양조장 전체를 저온 저장고로 설계하여 운영하기도 하였다. 저장고의 2층은 겨울철 강에서 가져온 얼음을 가득 채우고 1층은 발효실, 지하실에는 저장고를 두면 저온을 유지하면서 장시간 숙성과 보관을 할 수 있었다. 그러다가 1843년 냉동기가 개발되어 양조장에 보급되면서 라거는 4계절 내내 빛나는 맥주로 자리 잡게 되었다.

라거의 시작,

둔켈

영국은 줄곧 에일을 빚어 온 양조기술 모범 국가였다. 유럽 대륙의 양조자들은 상온 발효 방식의 영국식 맥주 맛을 구현하고자 애를 썼고, 1837년 독일 뮌헨의 슈파텐 양조장 대표의 아들 가브리엘 제들마이어 2세와 오스트리아 빈의 드레허 양조장 아들 안톤 드레허는 선진 양조기술을 배우기 위해 영국으로 향했다. 두 사람은 이곳에서 밝은색 맥아를 제조하는 기술과 발효 온도를 조절하는 기술, 당도계를 이용해 맥아즙 농도를 조절하는 비결을 얻고자 했다. 그러나 영국이 첨단기술을 유럽의 애송이들에게 호락호락하게 알려 줄 리가 없었다. 그래서 이들은 양조장을 견학할 때 특수하게 제작한 속이 빈 지팡이를 들고 다니며 맥아 부대와 발효통에 몰래 찔러 넣는 방법으로 샘플을 모았고, 성분을 분석하며 알토란같은 양조 지식을 채워 나갔다.

어렵게 양조기술을 터득한 후 뮌헨으로 돌아온 제들마이어 2세는 영국에서 배워온 기술에 자신들의 라거 효모를 사용하여 당시 뮌헨에서 즐겨 마시던 '둔켈(Dunkel)'을 개량해 선보였다. 둔켈은 영국의 신기술이 접목된 최초의 라거다. 독일어인 둔켈은 영어로 dark에 해당하며, 말 그대로 색이 어두운 흑맥주다. '둔클레스(DUNKLES)'라고도 불리며, 레이블에 'DARK'로 표시하기도 한다.

뮌헨 맥아를 사용한 둔켈은 구수한 맥아 향, 캐러멜 향, 견과류, 커피의 풍미가 풍성하고, 홉을 적게 사용하기 때문에 풀, 허브의 향기를 은은하게 느낄 수 있다.

파울라너 헤페바이스 둔켈
Paulaner Hefeweiss Dunkel
원산지 독일 **제조** 파울라너 **종류** 둔켈 **ABV** 5.1%
밀 맥아를 사용하여 풍성한 거품과 부드러운 바디감, 목 넘김이 뛰어나다. 밀맥주의 특성인 바나나, 정향과 견과류, 열대과일의 풍미를 느낄 수 있다.

쾨니히 루드비히 둔켈
Konig Ludwig Dunkel
원산지 독일 **제조** 쾨니히 루드비히&슐로스브라우어라이 칼텐버그 **종류** 둔켈 **ABV** 5.1%
정통 뮌헨 둔켈에 충실한 맥주. 고소한 견과류, 토스트, 달콤한 캐러멜 맛과 함께 약간의 쌉싸름한 맛이 뛰어나다.

품질이 월등하게 개선된 둔켈은 불티나게 팔렸다. 높은 온도에서 진한 색으로 구운 뮌헨 맥아를 사용한 둔켈은 구수한 맥아 향, 캐러멜 향, 견과류, 커피의 풍미가 풍성하고, 홉을 적게 사용하기 때문에 풀, 허브의 향기를 은은하게 느낄 수 있다. 흔히 흑맥주는 무척 쓴맛이 강할 것으로 생각하지만 마셨을 때 오히려 약간의 단맛이 느껴진다. 높은 온도에서 구운 맥아는 열에 변성되어 발효되지 않는 당분이 최종 제품에까지 남기 때문에 은은한 단맛과 무게감을 제공한다.

2002년 소규모 맥주 제조장 제도가 국내에 처음 도입되면서 독일식 장비와 독일식 크래프트 맥주가 주류를 이루다 보니 대부분의 소규모 맥주 제조장에서는 둔켈을 만들었다. 국내에서 처음으로 크래프트 양조장 면허를 취득한 옥토버훼스트는 지금도 둔켈을 대표 제품으로 생산하고 있다.

벨코포포빅키 코젤 다크
Velkopopovicky Kozel Dark
원산지 체코 **제조** 필젠스키 프레즈드로이 **종류** 둔켈 **ABV** 3.8%
커피 향, 캐러멜 향, 훈연향이 도드라지며, 진한 맥아의 풍미를 느낄 수 있다. 알코올 도수가 낮고 부드러운 목넘김이 일품이다.

옥토버페스트 축제 맥주,
메르첸

밝은색 맥아를 만드는 법은 당시로서는 하이테크 기술이었다. 장작이나 건초를 태워 맥아를 건조하다 보니 열을 고루 분산하기 어려웠고, 일부는 타거나 그을려서 색이 진한 맥아가 만들어졌다. 그러다 영국에서 코크스를 연료로 공기를 데워 간접 가열하는 방식을 통해 맥아가 타는 것을 방지하면서 고르게 말리는 기술을 터득하여 밝은색 페일 맥아를 제조할 수 있게 되었다. 제들마이어는 영국에서 배워 온 이 신기술을 응용하여 좀 더 밝은색의 뮌헨 맥아(Munich malt)를 개발하여 둔켈보다 훨씬 밝은 맥주를 만드는 데 성공하였다.

이 맥아를 이용해 라거 공법으로 장기간 숙성시켜 만든 맥주를 '메르첸(Märzen)'이라 불렀다. 독일어로 3

에히트 슈렝케를라 라우어비어 메르첸
Aecht Schlenkerla Rauchbier Märzen
원산지 독일 **제조** 헬러브라우 트럼 GMBH **종류** 메르첸 **ABV** 5.1%
검붉은색을 띠며 연기로 훈연한 맥아를 사용한다. 훈연 향이 강하며, 토스트 향과 다크초콜릿, 캐러멜 맛이 느껴지고 가벼운 청량감과 함께 달짝지근한 뒷맛이 있다.

메르첸은 연한 붉은 색으로 달고 고소한 토스트와 캐러멜의 풍미가 느껴지며, 홉을 적게 사용하여 홉의 향미는 최소화하였다.

월을 뜻하는 메르츠(März)에서 파생되었고, 봄에 만들어 가을 축제에 즐기는 맥주란 의미로 메르첸으로 불렀다. 냉동기가 발달하기 이전이다 보니 날씨가 더운 4~9월까지는 라거를 양조하지 않았다. 그래서 메르첸은 3월에 만들어 차가운 저장고에 장기간 보관하였다가 다시 양조가 가능해지는 9월 말에 개봉했다. 독일에서는 9월 말에서 10월 초에 옥토버페스트 축제가 성대하게 열리는데 메르첸은 축제에 제공되면서 큰 인기를 끌었고, 축제용 가을 맥주로 자리잡았다.

메르첸은 여전히 진한 색의 뮌헨 맥아를 풍부하게 사용하였기 때문에 연한 붉은 색을 띠는 것이 특징이다. 달고 고소한 토스트와 캐러멜의 풍미가 느껴지며, 홉을 적게 사용하여 홉의 향미는 최소화하였다.

메르첸 옥토버페스트 비어
Märzen Octoberfest beer
원산지 한국 **제조** 플레이그라운드
종류 메르첸 **ABV** 5.5%
일곱 종류의 몰트를 사용하여 견과류의 고소한 맛과 진한 풍미를 지녔다. 호박색 라거로 쓴맛은 강하지 않고, 깔끔한 목 넘김이 매력적이다.

제2의 전성기를 맞이한,

비엔나 라거

사무엘 아담스 보스턴 라거
Samuel Adams Boston Lager
원산지 미국 **제조** 보스턴 비어
종류 비엔나 라거 **ABV** 4.8%
짙은 호박색을 띠며 달콤한 캐러멜 향, 쌉싸름한 맥아 향, 호박과 벌꿀 향과 함께 묵직한 무게감을 느낄 수 있다.

빈에 도착한 드레어 양조장의 안톤 드레어도 영국에서 접한 밝은색 맥아를 만드는 것에 도전하여 뮌헨 맥아보다 더 밝은 비엔나 맥아(Vienna malt)를 개발한다. 그는 비엔나 맥아를 사용하여 장기간 숙성시킨 '비엔나 라거(Vienna Lager)'를 만들었다. 이 호박색 라거는 엄청난 인기를 끌었고, 유럽 곳곳으로 퍼져나갔다. 비엔나 라거는 볶은 맥아에서 기인한 고소하고 달콤한 캐러멜 맛과 라거 효모가 빚어낸 깔끔한 피니쉬를 자랑한다.

하지만 비엔나 라거의 영광은 그렇게 길지 않았다. 체코에서 태어난 또 다른 하면발효 맥주인 필스너 맥주가 급부상하면서 유럽을 휩쓸게 되었고, 비엔나 라거는 짧은 영광을 뒤로하고 서서히 자취를 감추고 말았다. 그렇게 잊혀가던 비엔나 라거는 100여 년이 지난 후 의외의 나라에 비엔나 라거는 볶은 맥아에서 기인한 고소하고 달콤한 캐러멜 맛과 라거 효모가 빚어낸 깔끔한 피니쉬를 자랑한다.

서 부활했다. 1980년대 미국에서 크래프트 맥주 붐이 불었고, 보스턴에 설립한 보스턴 비어 컴퍼니에서 비엔나 라거 스타일의 '사무엘 아담스 보스턴 라거'를 출시하면서 폭발적인 호평을 받았다. 뒤이어 1996년 뉴욕의 브루클린에 브루클린 브루어리를 설립하여 비엔나 라거 스타일에 홉의 향미를 강화한 '브루클린 라거'를 출시하였고, 이 두 맥주는 세계인이 사랑하는 맥주로 성장하게 되었다. 크래프트 맥주로 다시 태어난 비엔나 라거의 제2의 전성기인 셈이다.

브루클린 라거 Brooklyn Lager
원산지 미국 **제조** 브루클린
종류 비엔나 라거 **ABV** 5.3%
비엔나 맥아를 풍부하게 사용하여 호박색을 띠고 풍미가 강한 동시에 캐스케이드, 윌라밋 등 여러 홉을 사용하여 오렌지, 살구, 허브향과 쌉싸름한 맛을 동시에 느낄 수 있다.

묵직하고 진한 뮌헨 스타일,

보크 맥주

바이에른 맥주가 명성을 얻기 이전에는 독일 북부 지역의 아인베크(Einbeck)에서 양조한 상면발효 맥주가 대중들의 사랑을 받았다. 뮌헨에서는 아인베크 맥주를 직접 만들기 위해 양조장을 짓고 피클러라는 아인베크 양조가를 초빙해 왔다. 당시 뮌헨에서는 하면발효 맥주인 둔켈이 만들어지고 있었고, 피클러는 아인베크 맥주 제조법에 둔켈과 같은 라거 양조법을 접목하여 새로운 스타일의 라거 맥주를 만들었다. 처음에는 이 맥주 역시 아인베크 맥주라고 불렀지만, 점차 '베크'로 줄여 부르다가 나중에는 '보크 맥주(Bock Bier)'가 되었다.

보크 맥주는 보리를 풍부하게 사용하여 효모가 이용할 수 있는 당분이 많아 알코올 도수가 높은 독한 맥주가 만들어졌다. 이러한 맥주 형태가 보크 스타일로 자리 잡게 되었다. 1780년 설립된 파울라너 양조장에서는 과거 파울라 수도원에서 만들어 마셨던 '잘바토어(Salvator, 살바토르)'라는 독한 보크 스타일의 맥주를 출시했다. 이 맥주는 보크보다 맥아를 더 많이 사용하여 알코올 도수가 훨씬 높았고, 단맛이 묵직하고 강하다 보니 두 배라는 뜻의 도펠(Doppel)을 붙여 '도펠 보크'라 부르기 시작했다.

1890년경 독일 북부 크롬바커에 있는 양조장에서는

보리를 풍부하게 사용하여 효모가 이용할 수 있는 당분이 많아 알코올 도수가 높은 독한 맥주가 만들어졌다.

우연히 '아이스 보크(Eis Bock)' 맥주가 탄생했다. 어느 겨울날 야외 행사에 사용하기 위해 보크 맥주가 담긴 통을 바깥에 내놓았는데 갑자기 날씨가 추워지면서 맥주가 얼어버렸다. 맥주를 차마 버릴 수 없었던 양조가는 일단 맥주 표면에 뜬 살얼음만 살짝 걷어내고 남아 있는 맥주를 제공했는데 어찌 된 일인지 실수로 만들어진 맥주 맛에 모두가 감탄하고 말았다. 맥주의 거칠고 떫은맛을 내는 성분들이 얼음과 함께 제거되면서 전에 없는 깔끔함과 순한 맥주 맛이 탄생한 것이다. 크롬바커 양조장은 실수로 발견한 이 방식을 정식 도입하여 만든 맥주를 판매하기 시작했고, 당당히 아이스 보크라는 새로운 맥주 스타일로 자리 잡게 되었다.

파울라너 살바토르
Paulaner Salvator
원산지 독일 **제조** 파울라너
종류 도펠 보크 **ABV** 7.9%
380여 년의 전통을 가진 도펠 보크의 시초. 도수가 높고 보크 맥주 특유의 캐러멜, 초콜릿, 당밀의 고소한 풍미의 단맛과 바디감이 강하다. 홉의 향기는 약하며 호박색을 띠고 부드러운 거품이 매력적이다.

슈나이더 아벤티누스 아이스 보크
Schneider Aventinus Eisbock
원산지 독일 **제조** 슈나이더 바이스 **종류** 아이스 보크 **ABV** 12%
아이스 공법을 현대적인 설비로 재창조해낸 맥주. 자두, 바나나, 정향 등의 향기가 나고, 도수가 높아 강렬하고 농축된 풍미를 가졌지만 의외로 바디감이 부드럽고 우아하여 몸을 데워주는 겨울용 맥주로 제격이다.

황금빛 라거의 신화,

필스너

체코의 자존심 필스너 우르켈

초기의 라거는 어두운 갈색 또는 호박색을 띠는 맥주로 오늘날 우리가 마시는 맑고 투명한 황금빛 맥주와는 거리가 있었다. 오늘날과 같은 황금빛이 도는 밝은색 라거는 1842년 체코의 플젠에서 만들어졌다. 1인당 맥주 소비량이 세계 1위인 체코는 맥주에 대한 사랑이 유별난 곳이지만, 1800년대 초반까지만 하더라도 맥주의 품질이 형편없었다. 위기의식을 느꼈던 양조업자들은 품질 좋은 맥주를 만들기 위한 결의를 다지는 의미로 플젠 시청 앞 광장에서 36개의 맥주 통을 쏟아버리는 행사와 함께 플젠스키 프레즈드로이 양조장을 공동 설립하였다. 그리고 독일 바이에른으로부터 가져온 라거 효모와 밝은색 맥아를 만드는 기술을 활용하여 새로운 맥주를 시험 삼아 만들었다. 숙성이 완료된 후 맥주 통에서 쏟아지는 맑고 투명한 황금빛 라거에 모두가 감탄하였다.

사실, 이 의도 하지 않았던 투명함은 플젠 지역의 보리 때문이었다. 플젠의 보리는 단백질 함량이 낮아 더 투명한 맥주를 양조할 수 있었다. 부드럽고 미네랄 함량이 매우 낮은 연수 타입의 플젠 지역 물 또한 비결 중 하나였다. 바이에른 지역의 물은 미네랄이 많아 쓴맛이 부각되는 묵직하고 복잡한 풍미의 맥주

플젠의 보리는 단백질 함량이 낮아 더 투명한 맥주를 양조할 수 있었다. 부드럽고 미네랄 함량이 매우 낮은 연수 타입의 플젠 지역의 물 또한 가벼운 풍미의 깔끔하고 시원한 맛의 라거를 만들어냈다.

가 빚어지지만 플젠의 연수는 가벼운 풍미의 깔끔하고 시원한 맛의 라거를 만들어냈다. 게다가 플젠은 세계적으로 널리 알려진 사츠 홉의 생산지다. 이 양질의 홉을 아낌없이 넣었더니, 레몬, 풀, 허브 향이 매우 풍부하면서도 적절한 쓴맛이 유지되는 개성 있는 황금빛 맥주 '필스너(Pilsener)'가 탄생했다. 필스너는 얼마 지나지 않아 폭발적인 호응과 함께 유럽 전역으로 퍼져 나갔다. 그리고 대서양을 넘어 미국으로 건너가면서 '미국식 페일 라거'를 탄생시키면서 결국 세계를 정복하게 되었다.

필스너 우르켈 Pilsener Urquell
원산지 체코 **제조** 플젠스키 프라이즈드로이 **종류** 체코식 필스너
ABV 4.4%
플젠 지역의 품질 좋은 사츠 홉을 풍부하게 사용하여 쌉싸름한 맛이 강하고, 풀 향, 레몬 향이 풍부하다. 홉의 쓴맛이 강하여 취향에 따라 호불호가 갈린다. 대신 맥아의 풍미와 바디감은 가볍다.

필스너는 체코의 플젠 지역에서 제조한 맥주를 말하지만, 점점 더 이름을 알리다 보니 역으로 독일의 양조가들이 이를 모방하여 체코 필스너보다 쓴맛을 다소 줄인 '필스너' 또는 '필스(Pils)'라는 독일식 라거를 만들기 시작했다. 이에 화가 난 플젠 양

오비 프리미어 필스너
OB premier Pilsner
원산지 한국 **제조** 오비맥주
종류 독일식 필스너 **ABV** 5.2%
페일 맥아를 100% 사용하고 독일 노블 홉과 독일 황실 양조장 효모를 사용해 만든다. 홉의 향미는 줄였지만, 진한 풍미와 깔끔한 맛이 특징이다. 특히 비 발효성 당을 많이 남겨 단맛과 무게감을 강조했다.

크롬바커 필스
Krombacher Pils
원산지 독일 **제조** 크롬바커
종류 독일식 필스너 **ABV** 4.8%
몰트와 홉의 균형 잡힌 풍미, 상큼한 풀 향, 달콤한 꿀과 비스킷의 향미를 느낄 수 있다. 일반적인 필스너 보다 홉의 쓴맛을 줄였기 때문에 한국인의 입맛에 잘 맞는다.

조가들은 독일 양조장에 소송을 걸었지만 필스, 필스너 용어는 이미 플젠식 라거 스타일로 일반화되었기 때문에 플젠시만의 맥주를 의미할 수는 없다는 판결이 내려짐에 따라 모든 곳에서 명칭을 사용할 수 있게 되었다. 그래서 체코의 양조장들은 체코식 필스너가 원조라는 뜻으로 수출용에는 '필스너 우르켈(Pilsener Urquell)', 체코 내에서는 체코어로 'Plzeňský Prazdroj(플젠스키 프라즈드로이)'라 표시하게 되었다. 체코 필스너의 영향을 받은 밝은색 라거는 유럽의 수많은 양조장이 따라 하면서 큰 성공을 거두었고, 이런 스타일의 맥주를 '유럽식 페일 라거'라 부른다.

세계인의 입맛을 사로잡은 칼스버그

제들마이어의 제자 중 한 명이었던 야콥센은 뮌헨의 슈파텐 양조장으로부터 얻은 라거 효모를 작은 항아리에 담아 고국인 덴마크로 출발했다. 효모를 죽이지 않고 운반하기 위해서는 온도를 차갑게 하고 운반 시간을 줄이는 것이 관건이었다. 효모가 담긴 항아리를 실은 야콥센의 마차는 밤낮으로 덴마크를 향해 달렸고, 중간중간 마차를 세우고 우물물을 퍼서 항아리를 식히며 7일을 쉬지 않고 달린 덕분에 살아있는 효모를 코펜하겐까지 무사히 옮기는 데 성공했다.

야곱은 힘들게 옮겨온 효모로 필스너 스타일의 맥주를 빚기 시작하였는데, 이것이 1846년 덴마크 최초의 라거 맥주다. 이듬해에는 코펜하겐의 낮은 언덕이 위치한 곳으로 양조장을 옮기면서 지금까지 그 명성을 잇고 있는 '칼스버그(Carlsberg)'가 시작되었다. 칼스버그는 야곱의 아들 이름 칼(Carl)과 덴마크어로 언덕이라는 버그(Berg)에서 따온 것이다. 저온에서 발효하는 라거를 만들기 위해 언덕배기에 굴을 파 큰 냉장 저장고를 마련했고, 그 언덕은 칼스버그라는 이름으로 역사에 남게 되었다.

칼스버그 양조장은 과학 양조를 위해 칼스버그 연구소를 설립하고, 화학과 미생물 분야에서 눈부신 업적을 남겼다. 미생물을 연구한 에밀 크리스티안 한센은 순수한 효모만을 분리하는 데 성공하면서, 효모 순수배양법을 확립한 인물이다. 슈파텐 양조장으로부터 확보한 라거 효모는 다른 균이 다소 함유된 것이어서 가끔 맥주가 상하기도 하

였다. 순수 효모만으로 맥주를 발효시키면 부패가 일어나지 않고, 잡미가 줄어들어 깊어 깨끗한 맛을 낼 수 있다. 한센의 업적은 맥주 양조장에서 미생물을 관리할 수 있게 함으로써 오염되지 않은 깨끗한 맥주를 제조할 수 있는 신세계를 열어 주었다. 1883년 한센은 순수하게 분리한 하면발효 효모를 공장의 이름을 따서 '사카로미세스 칼스버전시스(Saccharomycse carsbergensis)'라 명명하였다. 칼스버거는 제들마이어로부터 효모를 얻었듯이 순수 배양한 라거 효모를 누구나 이용할 수 있도록 무상으로 제공하여 라거의 대중화에 크게 일조하였다. 칼스버그는 양조장을 대량 생산 체제로 바꾸고 동유럽과 북유럽 국가들까지 시장을 넓혀 나갔다. 1876년 냉동기 시스템을 도입하면서 계절에 상관없이 맥주 양조가 가능하게 되었고, 온도를 일정하게 유지할 수 있어 품질이 크게 향상되었다. 그 후 노르웨이, 러시아 등의 1위 맥주 기업을 잇달아 인수하며, 동유럽, 북유럽 지역의 맥주 최강자로 군림하였다.

칼스버그 Carlsberg
원산지 덴마크 외 20여개 국
제조 칼스버그 그룹
종류 필스너 **ABV** 5.0%
1904년 덴마크 황실의 공식 맥주로 선정되어 라벨에 황실 왕관이 그려져 있다. 맥아를 100% 사용하여 맥아의 풍미가 강하며, 거품이 풍성하고 옅은 황금빛을 띤다. 은은한 벌꿀, 감귤, 레몬의 향과 약간 새콤한 맛을 가졌고 목 넘김이 부드럽다.

뮌헨 맥주의 자존심,

헬레스

필스너가 급물결을 타고 전 세계를 점령해 나가자 유럽 곳곳에서 각양각색으로 빚어왔던 맥주들은 점차 경쟁에서 밀려났다. 색이 진한 둔켈이나 비엔나 라거 역시 필스너의 황금빛 물결에 휩쓸려 사라질 운명이었다.

전통적으로 뮌헨에서는 색이 진한 맥아를 풍부하게 사용하고 홉을 적게 넣어 쌉싸름한 맛을 줄이는 대신, 맥아의 고소한 풍미와 달짝지근하면서 무게감 있는 진한 맥주를 즐겨왔다. 진한 색 라거를 고집하던 뮌헨도 끝내는 시대적 변화를 적극적으로 받아들이면서, 1984년 제

슈파텐 뮌헨 Spaten Munchen
원산지 독일 **제조** 슈파텐
종류 헬레스 **ABV** 5.2%
달큰한 맛과 맥아의 풍미가 강하며, 구수한 구운 빵, 비스킷 향을 가졌다. 홉의 씁쓸한 맛은 적고, 은은한 허브향이 가미된 부드러운 단맛이 포인트다.

파울라너 오리지널 뮌헨 헬
Paulaner Original Münchner Hell
원산지 독일 **제조** 파울라너
종류 뮌헨 헬레스 **ABV** 4.9%
맥아와 홉 사이의 밸런스를 잘 맞춘 밝은 황금색 맥주로 맥아의 풍미와 달콤함이 살짝 느껴지며 홉의 쓴맛은 약한 편이다.

헬레스는 뮌헨 지역의 맥주답게 맥아의 풍미를 적당히 살리고, 차분한 쓴맛과 가벼운 홉 향을 가진 맛의 균형을 적절히 맞춘 맥주다.

들마이이어의 후손이 운영하는 슈파텐 양조장에서 밝은색의 뮌헨 '헬레스(Helles)'를 출시하였다. Hell은 독일어로 맑다, 밝다는 뜻이며, '헬레스' 또는 '헬'이라 불리는 이 맥주는, 필스너만큼이나 밝은 라거 맥주를 의미한다. 색은 밝지만, 과거 뮌헨 지역의 맥주답게 맥아의 풍미를 적당히 살리고 필스너보다는 홉을 적게 사용하여 차분한 쓴맛과 가벼운 홉 향을 가진 맛의 균형을 적절히 맞춘 맥주라 할 수 있다.

뢰벤브로이 오리지널
Löwenbräu Original
원산지 독일 **제조** 뢰벤브로이
종류 헬레스 **ABV** 5.2%
독일어로 '사자의 양조장' 이라는 뜻의 뢰벤브로이는 700년 된 유서 깊은 양조장이다. 청량감이 뛰어나고 적당한 씁쓸함과 풀, 잔디 향의 풍미를 가졌다. 옅은 황금색의 풍부한 거품이 목넘김이 좋다.

세계를 사로잡은 매력,

페일 라거

유럽식 페일 라거의 탄생, 하이네켄

하이네켄은 1864년 헤르하트 에이드리안 하이네켄이 네덜란드 암스테르담에 설립하여 에일 맥주를 제조하던 조그만 양조장이었다. 좀 더 우수한 품질의 맥주를 열망했던 헤르하트는 독일의 라거를 알게 되었고, 하면발효 방식을 도입하여 부드러운 맥주를 만들기 시작했다. 이 부드럽고 편안한 맛과 향을 가진 맥주를 '하이네켄스(HEINEKEN'S)'라는 이름으로 1873년 시장에 출시했다.

술을 55~60℃로 열처리하면 맛과 향을 유지하는 동시에 미생물의 활동은 억제하면서 장기보관이 가능해진다. 이 저온 살균법을 하이네켄스에 도입하고 네덜란드 최초로 냉장 시스템을 들여와 사계절 생산한 맥주를 초록색 병에 담아 출시하면서 하이네켄스가 세계인의 맥주로 성장하는 발판을 마련했다. 하이네켄 양조장은 맥주 양조 과정에서 오염으로 인해 신맛이 도는 현상을 자주 겪으면서, 순수 효모의 중요성을 느끼게 되었다. 하이네켄스만의 효모를 개발하기 위해 연구소를 설립하고 루이 파스퇴르의 제자인 하트톡 엘리온 박사를 고용했다. 엘리온 박사는 1886년 라거 효모인 '하이네켄 A-이스트'를 배양해 내는 데 성공했고, 바로 하이네켄스 맥주에 접목했다. 하이네켄스는 쌉싸름하면서도 부드러운 향미, 풍부한 거품으로 소비자로부터 큰 인기를 끌며 그 품질을 국제적으로 인정받았고, 하이네켄 A-이스트 효모는 하이네켄 맥주 맛의 핵심으로, 오늘날까지 전 세계 165여

1886년 라거 효모인 하이네켄 A-이스트를 배양해 내는 데 성공했고 하이네켄스는 쌉싸름하면서도 부드러운 향미, 풍부한 거품으로 소비자로부터 큰 인기를 끌며 그 품질을 인정받았다.

개의 하이네켄 양조장에서 이 효모만으로 맥주를 빚는다.

하이네켄은 바이킹의 후예답게 유럽, 아메리카, 아시아 시장에 진출하여 맥주 회사를 설립하거나 인수 합병을 통해 다국적 맥주 회사로 성장하였고, 동남아시아 맥주 역사에도 크게 영향을 미쳤다. 네덜란드가 동남아시아를 지배했던 시절 이들은 인도네시아나 말레이시아 등에도 맥주 양조장을 건설했다. 오늘날 즐겨 마시는 타이거 맥주, 빈땅 맥주 등이 하이네켄의 소유다.

하이네켄 라거 비어
Heineken Lager Beer
원산지 네덜란드 외 40여개 국 **제조** 하이네켄 맥주 **종류** 유럽식 페일 라거
ABV 5.0%
상쾌한 쓴맛과 부드러운 거품, 시원한 목 넘김이 특징인 밝은 금빛 맥주. 맥아를 100% 사용하여 맥아의 풍미와 약간의 단맛이 느껴진다. 옅은 홉 향과 약간 쌉싸름한 맛이 느껴지고 청량감이 뛰어나다.

아메리칸 라거의 탄생과 버드와이저

19세기 정치적, 종교적 자유를 찾고 경제적 기회를 원했던 유럽인들은 대서양을 건너 미국에 정착했다. 유럽 대륙의 정착민들은 당시 폭발적인 인기를 끌었던 필스너의 제조법과 라거 효모를 가져와 페일 라거를 만들고자 했다. 필스너 맥주에 익숙한 독일계 유럽인들은 시원하고 깔끔한 유럽식 페일 라거를 구현하고자 노력했으나 미국에서 만든 페일 라거는 본국에서 마시던 라거 맛과는 너무나 달랐다.

그 이유는 유럽은 두줄보리를 사용하는데 미국은 여섯줄보리가 재배되고 있었기 때문이었다. 여섯줄보리는 두줄보리보다 탄수화물 함량이 적어 맥주 양조

버드와이저 Budweiser
원산지 한국 외 20여개 국 **제조** AB인베브 **종류** 아메리칸 페일 라거 **ABV** 5.0%
오비맥주에서도 생산하는 버드와이저는 한국인에게도 친숙하며 애호가가 많다. 쌀이 부원료로 들어가며 맥아와 홉의 풍미가 약한 전형적인 아메리칸 페일 라거의 특징을 가졌다. 가벼운 맛과 청량감이 뛰어나며 한국 음식과도 잘 어울린다.

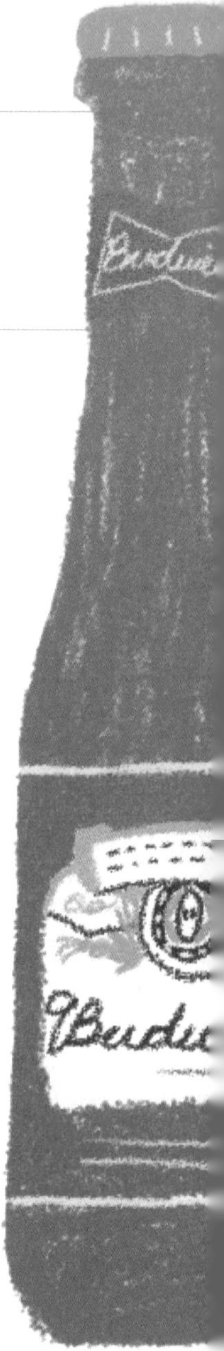

할 때 더 많은 보리를 사용하는데, 보리는 단백질 함량이 높아 투명한 라거를 만들기 어려웠다. 그리고 맥아를 다량 넣다 보니 보리 껍질 특유의 쓴맛, 떫은 맛이 과도하게 나와 거칠고, 텁텁할 뿐 아니라 청량감도 떨어졌다. 그래서 여섯줄보리 맥아에 탄수화물 함량이 높은 옥수수 또는 쌀을 일부 대체 사용하여 전분, 단백질, 보리 껍질의 균형을 맞췄다. 이렇게 만들어진 맥주는 보리의 결점이 극복될 뿐 아니라 유럽식 페일 라거보다 균형 잡힌 맛과 더 밝고, 더 청량하고, 더 부드러운 '아메리칸 페일 라거(American pale lager)'로 새롭게 태어났다. 아메리칸 페일 라거는 숙성, 여과가 쉽고 생산단가를 절약할 수 있어 대량 생산에 적합할 뿐 아니라 마시기 편하니 선풍적인 인기를 끌었다.

미국을 대표하는 버드와이저 맥주는 아돌프 부시와 에버하르트 안호이저가 공동 창업한 안호이저부시 양조장에서 태어났다. 1870년대에 유럽 여행 중이던 부시는 체코의 체스케부데요비체 지역에서 마셔본 맥주 맛에 반하여 제조법을 구해 미국으로 돌아왔다. 맛 좋은 맥주를 생산했던 체스케부데요비체 지역명을 독일어로 부드바이즈(Budweise)라 불렀고, 뛰어난 품질의 맥주를 독일인들은 '부드바이저(Budweise)'라 불렀다. 부드바이저에 영감을 받은 부시는 필스너 제조 방법을 연구 개선하여 부드럽고 마시기 편한 '버드와이저(Budweiser)'를 개발했다.

1878년 부시는 버드와이저를 미국 특허청에 상표로 등록하고 맥주를 생산하기 시작했다. 그로부터 20여 년이 지난 후 체코의 부데요비츠키 부드바르 양조장에서 본격적으로 부드바르 맥주를 생산, 유통하기 시작하면서 버드와이저에 지역 명칭 상표권에 대한 소송을 내게 되고 이것이 그 유명한 두 기업 간의 100년 상표 분쟁이 되었다. 이 분쟁은 지금도 나라별로 소송이 진행 중이다. 소송 결과에 따라 대부분의 유럽 국가에서 버드와이저 제품명을 사용할 수 없게 됨에 따라 상표명 '버드(Bud)'라는 제품으로 판매하고 있다. 체코, 폴란드 등에서는 'Budweiser'는 물론이고 'Bud' 상표조차도 사용할 수 없으며, 다른 국가에서도 국가별 소송 결과에 따라 명칭 사용이 제한된다.

버드와이저는 세계 1위인 다국적 주류 기업 AB인베브의 소속으로 AB인베브의 자회사인 우리나라 오비맥주에서도 직접 생산하여 판매하고 있어 우리나라 소비자에게도 익숙하다.

30% 가벼운 건강한 맥주,

라이트 비어

1970년대 접어들며 다이어트, 저탄수화물 등 세계적인 건강 이슈와 맞물려 아메리칸 페일 라거보다 더 가벼운 맥주를 찾는 사람들이 늘어났다. 맥주 회사들은 맥주의 탄수화물 함유량을 줄이고 알코올도수도 낮춘 '라이트 라거'를 개발한다.

밀러 사에서 처음으로 탄수화물 함유량을 일반 맥주보다 약 30%를 줄이고, 알코올도수도 낮춘

밀러 라이트 Miller Lite
원산지 미국 **제조** 밀러 브루잉 컴퍼니
종류 아메리칸 라이트 라거 **ABV** 4.2%
탄수화물의 함량이 낮은 저 칼로리 맥주로 홉과 맥아의 풍미가 가벼우면서 탄산 함유량이 많아 청량감이 뛰어나다. 바디감이 약하며 마신 후 포만감이 적고 깔끔하다.

라이트 라거를 대표하는 맥주들은 아메리칸 페일 라거의 브랜드에 라이트를 붙인 제품들이다.

라이트 맥주를 출시하면서 큰 성공을 거두었다. 맥아, 옥수수, 쌀과 같은 맥주의 원료는 필연적으로 탄수화물이 모두 발효성 당분으로 바뀌지 않고 효모가 이용할 수 없는 비 발효성 당분이 제법 남는다. 그래서 맥아, 쌀, 옥수수를 적게 사용하여 알코올 도수를 낮추는 동시에 100% 발효되는 포도당이나 옥수수 시럽을 넣어 양조함으로써 칼로리를 대폭 낮춘 맥주를 제조했다.

라이트 라거를 대표하는 맥주들은 아메리칸 페일 라거의 브랜드에 ‘라이트’를 붙인 제품들이다. 대기업 맥주인 ‘버드라이트’, ‘밀러 라이트’, ‘쿠어스 라이트’, ‘하이네켄 라이트’ 등이 큰 인기를 끌었고, 한국에서도 카스 라이트 제품을 출시하여 호평받았다.

목 넘김이 좋은 저 칼로리,
드라이 맥주

서구열강이 아시아를 식민지로 삼기 위해 침탈하던 시기에 맥주도 함께 아시아에 진출했다. 일찍이 서양의 문물을 받아들였던 일본은 자연스럽게 아시아에서 맥주가 가장 발달한 나라로 성장했다. 1877년 홋카이도에 삿포로 맥주 회사를 설립하여 '삿포로 라거 맥주'를 생산한 것을 시작으로 우리에게도 친숙한 아사히, 에비스, 기린, 산토리, 오리온 맥주 브랜드들이 일찌감치 자리를 잡았다. 아메리칸 페일 라거는 미국에서 흔히 재배되는 옥수수를 부원료로 사용하지만, 쌀이 흔한 일본은 쌀을 사용하는 라거의 기틀을 마련하였다. 오늘날 일본에서는 쌀과 함께 옥수수 전분을 혼합해서 사용하는 맥주가 대세를 이루고 있다.

일본의 아사히 맥주는 1987년 미국식 라거보다 더 가벼운 드라이 맥주를 개발하여 '아사히 슈퍼 드라이'를 출시했다. 드라이 맥주는 단맛이 적어 담백하다는 의미로, 맥주의 비 발효성 당을 강력한 효소로 분해하여 알코올로 발효됨에 따라 일반 맥주보다 알코올 도수가 0.5% 정도 높으면서 칼로리는 낮고, 목 넘김이 더 좋게 만들었다. 기린과 삿포로 맥주에 밀려 고전하던 아사히는 야심 차게 출시한 아사히 슈퍼 드라이가 폭발적인 관심을 받으면서, 일본 맥주 시장에서 1위를 차지하게 되었고, 국내에서도 수입 맥주 중에서 가장 잘 팔리는 맥주로 자리 잡기도 했다. 드라이 맥주는 80년대 우리나라에 도입되어 'OB 슈퍼 드라이', '크라운 슈퍼 드라이'가 출시되어 인기를 끌었고, 2010년에는 하이트진로에서 출시된 '드라이 피니시 D'가 인기를 끌었다.

아사히 수퍼 드라이
Asahi Super Dry
원산지 일본 **제조** 아사히 맥주
종류 드라이 맥주 **ABV** 5.0%
발효 능력이 뛰어난 효모를 사용해 당분이 거의 남지 않아 깔끔하고 세련된 맛을 가졌다. 맥아의 풍미는 약하지만 홉의 쌉싸름한 맛과 은은한 꿀 향, 허브 향을 잘 살렸다. 톡 쏘는 탄산의 청량감과 목 넘김이 부드럽고, 어떠한 요리와도 잘 어울린다.

한국의 맥주도 일본과 유사한 쌀이나 옥수수 전분이 일부 첨가된 아메리칸 페일 라거가 주류였고, 한국의 대중들은 100여 년에 걸쳐 가볍고 청량한 라거의 맛에 익숙해졌다.

우리나라 맥주는 일본 맥주의 뿌리를 두고 있다. 그도 그럴 것이 일제강점기 시절 일본이 영등포 일대에 세운 조선맥주와 소화기린맥주가 지금의 하이트맥주와 오비 맥주의 전신이기 때문이다. 그런 까닭에 한국의 맥주도 일본과 유사한 쌀이나 옥수수 전분이 일부 첨가된 '아메리칸 페일 라거'가 주류였고, 한국의 대중들은 100여 년에 걸쳐 가볍고 청량한 라거의 맛에 익숙해졌다.

중국 역시 19세기 후반 서구열강의 침입과 함께 맥주 양조장이 세워지기 시작했다. 대표적인 양조장이 독일인이 만주 지역에 세운 하얼빈 양조장과 칭다오 양조장이다. 맥주가 처음 도입되었을 때에는 독일의 영향으로 '필스너' 스타일이 대부분이었으나 오늘날 중국 맥주는 거의 '아메리칸 페일 라거' 스타일이다. 홉의 쓴맛이 적고 가벼우면서 청량감이 뛰어난 미국식 페일 라거를 아시아인들이 좋아하는 이유는 음식과 관련이 깊다. 짜고 맵고 기름지며 자극적인 음식을 즐기는 아시아인에게는 쓴맛과 풍미가 강한 맥주보다는 입안을 깔끔하게 정리해주면서 청량감이 뛰어난 가벼운 라거가 안성맞춤이기 때문이다.

2012년 이코노미스트 외신기자 다니엘 튜더가 그의 기사에서 "한국 맥주는 북한 대동강 맥주보다 맛이 없다"라고 주장하면서 큰 반향을 일으켰다. 이유야 어떠하든 국산 맥주는 밍밍하고 심심한 맛없는 맥주라는 혹평이 쏟아졌고, 소비자의 불신으로 이어졌다. 세상 맛없다는 국산 대기업 맥주의 불신은 편견과 왜곡된 정보에서 기인한 부분이 많은 것 같기에 국산 맥주 맛에 대해 오해와 진실을 따져 봤다.

첫 번째 오해는 한국 맥주는 원가를 낮추기 위해 쌀, 옥수수 전분 등을 다량으로 사용하기 때문에 밍밍하고 맛없는 맥주라는 것이다. 부재료를 사용하는 것은 세계에서 가장 많이 만들어지는 아메리칸 페일 라거 스타일의 특징이다. 물, 홉, 맥아, 효모만 사용하도록 한 과거 맥주순수령의 시각에서는 쌀과 옥수수를 부가물로 볼 수 있겠지만, 오늘날 특히 크래프트 맥주의 경우 개성 있는 맥주를 만들기 위해 쌀, 옥수수, 밀 등의 곡류를 사용하기도 하고, 초콜릿, 허브 등 다양한 부재료를 사용하는 것이 일반화되었는데 유독 아메리칸 페일 라거에만 엄격한 것은 아닐까? 실제 맥아 100%를 사용하면 보리 껍질에서 우러나는 타닌 등의 떫고 쓰고, 텁텁한 맛이 강해지고 맥주 맛이 무거워진다. 반면, 맥아 일부를 쌀, 전분으로 대체하면 타닌의 부정적인 풍미도 줄어 부드럽고 우아한 맛의 맥주를 만들 수 있다. 실제 수입 맥주 중 가장 많이 팔리는 맥주인 아사히, 칭따오, 버드와이저, 스텔라 아르투와 밀러 등도 부재료를 사용한 아메리칸 페일 라거 스타일이다.

다음으로 한국 맥주의 다양성 부족으로 각양각색의 맥주를 원하는 소비자를 충족시켜주지 못한다는 오해가 있다. 아메리칸 페일 라거 스타일이 싫다면 맥스, OB 프리미어 필스너, 클라우드와 같은 올 몰트 제품을 선택할 수도 있다. 국내 맥주 회사들도 매번 제품을 다양화하려는 시도를 통해 '퀸즈에일', '알스톤'과 같은 에일을 비롯하여 'OB 프리미어 바이젠', '둔켈' 등과 같은 스페셜 제품을 출시하기도 했으나 소비자가 갖는 국맥에 대한 불신을 극복하지 못하고 시장에서 참패하고 말았다. 한 예로 '버드와이저', '호가든'과 같은 세계 굴지의 맥주를 OB맥주에서 라이센스 계약으로 생산하고 있다. 그러나 OB맥주에서 생산한 호가든을 벨기에 원조가 아니라는 의미로 '오비맥주가 만든 호가든'이란 뜻인 '오가든'이라 부르며, 비하하는 경우도 많다. 현재 호가든은 벨기에와 러시아, 한국 3개국에서 생산하고 있으며, 벨기에 호가든 양조 기술과 원료를 거의 동일하게 사용한다. 이 세 국가의 제품을 모아 품질 테스트를 하면 한국 호가든이 1위를 차지하는 경우가 많을 정도로 국산 호가든은

그 품질을 인정받고 있다. 맥주는 다른 술과 달리 양조장에서 출시한 시점의 술이 제일 신선하고 맛있다. 수입되는 맥주는 운송 기간이 오래 걸리고, 무더운 적도를 넘나드는 동안 고온에 노출되어 향미가 손상된다. 가장 신선한 국산 호가든을 마실 수 있는 훌륭한 조건임에도 불구하고 단지 국내 생산이라는 이유만으로 소비자들에게 부정적 시각을 갖게 되는 웃지 못할 해프닝이다.

사실 대량 생산 체제를 갖춘 대기업 맥주 회사가 늘 새롭고 특색 있는 맥주를 찾는 맥덕이나 맥주 마니아층의 입맛을 충족시키기에는 부족할 수밖에 없다. 이런 양조장들은 소량 다품종 맥주 생산이 어렵다. 그러나 이 정도 양조장 규모이기 때문에 소비자에게 1~2천 원대의 저가로 맥주를 공급할 수 있는 것이다. 이러한 대량 생산 맥주는 최대한 많은 사람의 취향을 만족시켜야 하므로 '레귤러 맥주' 라고 한다. 레귤러 맥주는 많은 사람의 취향을 만족시키면서도 다른 제품과 차별화를 둬야 한다는 점에서 제조, 마케팅이 무척 어려운 맥주다. 대형 업체들은 레귤러 맥주를 생산하여 대중의 입맛에 맞추고, 소규모양조장에서는 다양하고 특색 있는 맥주를 생산하고, 여기에 수입 맥주가 더해져 각양각색의 취향을 만족시켜 주는 형태가 가장 이상적일 것이다.

국맥이 한국에서는 맛없는 맥주라는 인식이 있지만, 사실 해외시장에서는 큰 호평을 받고 있다. 하이트진로, 오비맥주, 롯데주류 등에서 생산하는 맥주가 중화권을 비롯하여 동남아시아, 러시아, 호주, 미주 등 60여 개국에 인기리에 수출된다. 중국은 수입 맥주 중 한국 맥주가 9%를 차지할 정도로 큰 시장이 형성되어 있다. 오비맥주의 '블루걸'은 홍콩에서 10여 년째 프리미엄 맥주 시장 1위를 차지하고 있다.

이쯤 되면 국산 맥주는 맛이 없다는 오해와 편견을 버리고 열린 마음으로 제대로 즐겨보는 것이 어떨까?

과일, 꽃, 바닐라 향과 강렬한 풍미를 간직한 맥주. 크래프트 맥주 붐과 함께 새로운 향기와 맛으로 변신하여 돌아왔다.

Chapter 03,
about Ale

어바웃 에일

전통있는 맥주 강국,
영국의 에일

페일 에일의 탄생

에일하면 제일 먼저 떠오르는 나라는 영국이다. 영국은 오랫동안 에일에 홉이 아닌 허브, 약초 등을 넣어서 맥주를 만들었다. 15세기경 유럽 대륙에서 맥주 재료로 이름을 날리던 홉 묘목이 들어오면서 영국의 에일도 크게 변했다. 영국인들은 홉이 들어간 상큼하고 쌉쌀한 에일 맛을 환영했고, 양조업자들은 홉의 부패 방지 효과에 감격했다. 당시에는 약초, 허브류 등을 사용하는 것을 '에일'이라 불렀고, 홉을 첨가한 것은 '비어(beer)'라고 불렀다. 그러나 잉글랜드 남동부의 켄트 주가 홉의 명산지로 자리 잡으면서 홉이 첨가되지 않은 에일은 자취를 감추게 되었고, 에일이라는 명칭만이 맥주를 대표하게 되었다.

17세기 무렵 영국은 석탄을 가공하여 유황과 같은 나쁜 냄새를 없앤 코크스를 활용하여 맥아를 그을리거나 타지 않고 건조하는 기술을 개발했다. 이 밝은 색 맥아는 색이 옅다는 의미의 페일이라는 수식어가 붙어 페일 맥아 (Pale malt)라고 불리게 되었고, 이 페일 맥아로 만든 맥주가 바로 '페일 에일'이다.

페일 에일이 유행하기 이전 영국에서는 짙은 색 맥아로 만든 '포터(Poter)'라는 흑맥주를 주로 마셨다.

맥주의 태동과 역사를 함께 해 온 에일은 유럽에서 수천 년간 마셔온 술이다. 과일 향, 꽃 향, 바닐라 향과 같은 은은한 발효 향과 깊이 있고 강렬한 풍미를 가지고 있다.

검은 맥아를 사용하면, 열에 변형된 당분이 발효되지 않고 맥주에 남기 때문에 포터는 보기와는 달리 달달한 맛의 맥주가 된다. 하지만 페일 맥아를 사용하면 전분이 대부분 발효성 당분으로 변화되어 단맛이 약한 맥주가 만들어지는데, 거기에 홉까지 많이 넣다 보니 페일 에일은 쓴맛의 맥주로 인식되기 시작했다. 그래서 페일 에일은 포터에 비해 쓰다는 뜻에서 '비터(Bitter)'라는 애칭으로 불리게 되었고, 오

늘날까지 비터는 맥주의 별칭으로 사용되고 있다. 신기술로 탄생한 페일 에일은 검거나 갈색의 에일을 대신하여 영국인들의 사랑을 독차지하는 맥주로 자리 잡았다. 그리고 막강한 해군력으로 무장한 대영제국이 전 세계에 식민지를 건설하면서 영국을 넘어 전 세계에 널리 알려지게 되었다.

인도에서 인기 있는 페일 에일, IPA

대영제국의 직접 통치를 받던 인도는 1877년 영국의 식민지로 편입되면서 엄청나게 많은 영국인이 거주하고 있었다. 이들이 마실 막대한 양의 맥주가 필요했지만, 인도의 기후는 너무 더운데다 당시에는 냉장 기술이 없었고 얼음도 구할 수 없었기 때문에 현지에서의 맥주 양조는 불가능했다. 그런 까닭에 영국 본토에서부터 인도까지 맥주를 배로 실어 날라야 했는데 배로 가는 항로는 적도를 두 번 가로질러 가야 하는 멀고 험난한 항로다 보니 인도에 도착하면 맥주가 상해서 마실 수 없는 경우가 많았다.

런던의 양조업자 조지 호지슨은 술이 항해 기간 중 상하지 않도록 영국에서 판매하던 페일 에일에 홉을 다량으로 넣고 알코올 도수를 높인 새로운 페일 에일을 만들어 인도로 보냈다. 알코올과 홉은 살균력이 있어 미생물의 증식을 억제하기에 예상했던 대로

맥주는 상하지 않고 인도에 도착할 수 있었다. 그뿐만 아니라 적도를 넘나드는 긴 항해 기간 나무통에 담긴 맥주는 출렁거리는 배 위에서 충분한 숙성을 거쳐 독특한 풍미를 가진 새로운 맛의 맥주로 태어났다. 이 맥주는 인도에서 불티나게 팔려나갔고, 호지슨은 자신의 에일이 인도에서 인기 있는 페일 에일이라는 의미로 '인디아 페일 에일(India Pale Ale)', 줄여서 IPA라 불렀다. 이로 인해 IPA는 공식적으로 맥주의 한 종류로서 자리 잡게 되었다.

뭔가 특별한 맛이 있는 바스 맥주

호지슨은 식민지인 인도의 무역을 독점하던 동인도회사를 통해 개성 있는 페일 에일을 인도로 수출하면서 엄청난 부를 축적하였고 여세를 몰아 아시아 시장까지 뻗어나갔다. 아시아 시장에서 독점적 지위를 이용해 폭리를 취하던 호지슨과 그의 동업자들은 욕심이 점점 커져 급기야 직접 거래를 통해 더 많은 이윤을 남기고자 하였다. 이에 격분한 동인도회사의 간부는 버튼 지역의 양조업자인 사무엘 올숍을 찾아가 인도로 수출할 맥주를 직접 생산할 것을 제안했다. 나폴레옹 전쟁의 발발과 영국과 러시아의 관계가 나빠지면서 수출길이 막혀 큰 어려움을 겪고 있던 올숍은 동인도회사의 엄청난 제안에 인도에서 인기몰이 중인 강렬한 맛의 호지슨 페일 에일을 연구하기 시작하였고, 곧 훌륭한 에일을 개발하는 데 성공했다.

버튼에서 개발된 에일에는 뭔가 특별한 맛이 있었다. 오랜 시간이 지난 후에야 알게 된 사실이지만, 그 특별한 맛의 원인은 바로 버튼 지역의 물이었다. 버튼의 물은 석고 성분인 황산칼슘을 많이 함유한 경도가 높은 물이어서 탄수화물을 당분으로 바꾸는 데 효과적이고, 효모의 발효를 도와 당분을 남김없이 발효시킬 뿐만 아니라 홉의 쓴맛을 도드라지게 하여 드라이하면서 쌉싸름한 맛을 사진 페일 에일을 만들 수 있었다. 곧이어 버튼 지역의 바스 양조장도 페일 에일을 생산하기 시작하였다. 올숍과 바스의 페일 에일은 인도와 아시아로 수출되었고, 이후 런던, 아시아, 인도 시장을 접수하였을 뿐만 아니라 호주와 북미까지 영역을 넓혀 나갔다. 버튼의 에일은 향미가 진하면서도 청징제를 사용하여 더 맑고 깨끗했으며 당시 체코에서 개발된 하면발효 맥주인 필스너 맥주와 쌍벽을 이루며 성장했다.

에일 계열의 흑진주 포터

에일 계열의 대표 흑맥주로는 포터와 스타우트가 있다. 포터는 높은 온도에서 구운 진한 색 맥아를 사용하고, 에일 효모로 빚어 은은한 발효향과 초콜릿, 커피, 비스킷 등 맥아의 풍미가 풍부하다. 대신 홉을 매우 적게 사용하여 홉 향은 미미한 편이다.

민타임 초콜릿 포터
Meantime chocolate porter
원산지 영국 **제조사** 민타임 **종류** 포터
ABV 6.5%
짙은 갈색의 발틱 포터로 진짜 초콜릿을 숙성과정에 첨가하여 초콜릿과 바닐라 향이 물씬 풍기는 달콤한 흑맥주다. 클래식한 '민타임 런던 포터'와 커피 원두를 사용한 '민타임 커피 포터'도 있다.

1700년대 영국 런던 근교 항구에서 배에 실린 짐을 내리고 운송하는 일을 했던 짐꾼들을 포터라 불렀는데, 짐꾼들이 많이 마시는 맥주라 하여 '포터(Porter)'라고 부르기 시작했다. 도수가 높지 않았던 포터 한 잔은 힘든 노동에 지친 고단한 몸을 달래 줄 뿐 아니라 영양 보충에도 도움이 되니 일석이조였다. 포터 중에서도 알코올 도수가 높고 강한 맛의 포터를 강하다는 단어를 붙여 '스타우트 포터'라고 불렀다가 시간이 지나면서 '스타우트(Stout)'라고 줄여서 불렀다. 독한 이미지의 스타우트는 점점 시간이 지나면서 도수도 낮아지고 부드러워지면서 포터와의 구분이 의미가 없어졌다. 대영제국 시절 주요 무역품이었던 발틱 포터와 임페리얼 스타우트도 유명하다. 발틱포터는 스칸디나비아반도와 폴란드, 발트 3국, 러시아 등의 발트해 연안 국가에 주로 수출되던 흑맥주로 알코올 도수가 6~7%로 제법 높고, 단맛과 쓴맛이 있는 맥주다. 임페리얼 스타우트는 러시아 황실이 영국으로부터 수입해 즐기던 맥주다. 먼 거리의 이동 중에 상하는 것을 방지하기 위해 도수를 높여서 만들었고 러시아 황제를 위한 맥주라는 의미로 임페리얼 스타우트라 불렀다. 일반 스타우트보다 알코올 도수가 약 두 배 정도로 높고 진한 커피향, 초콜릿 향을 가진 강렬한 맥주다. 하지만 나폴레옹 전쟁이 일어나고 수출 길이 통제되면서 갑작스럽게 수출이 금지되었고, 맛도 대중적이지 못하다 보니 점점 잊혀졌다.

그러나 미국의 크래프트 맥주 인기와 함께 사라졌던 많은 맥주가 하나둘 부활했듯이 임페리얼 스타우트도 다시 빛을 보기 시작했다. 미국식 임페리얼 스타우트는 알코올 도수를 더 높였고, 커피, 초콜릿과 같은 맥아의 풍미와 함께 홉을 풍부하게 사용해서 홉 향을 더 강화한 스타우트로 탈바꿈했다. 대표적인 임페리얼 스타우트에는 러시아의 카사노바로 알려진 라스푸틴의 이름을 딴 '올드 라스푸틴(Old

올드 라스푸틴 Old Rasputin
원산지 미국 **제조** 노스 코스트 브루잉 컴퍼니 **종류** 임페리얼 스타우트
ABV 9.0%
악명높았던 라스푸틴의 이름을 딴 이 맥주는 다크초콜릿, 커피, 보리차, 캐러멜과 같은 흑 맥아의 풍미가 강하고 옅은 갈색의 조밀한 거품이 있어 마실 때 부드러운 질감과 함께 묵직한 무게감을 제공한다.

Rasputin)'이 있는데 강렬한 맛을 즐기는 맥주 애호가들로부터 호평을 받고 있다. 그 외에도 유당을 넣고 만든 '밀크 스타우트'와 귀리로 만든 '오트밀 스타우트'도 유명하다.

흑맥주의 제왕,
기네스 스타우트

기네스는 국내뿐만 아니라 세계인으로부터 사랑을 듬뿍 받는 맥주 중 하나다. 기네스 맥주의 역사는 아서 기네스가 1759년 아일랜드 더블린에 있는 작은 양조장을 임대하여 기네스 양조장을 차리면서 시작되었다. 당시 아일랜드에서 포터가 유행하자 기네스 양조장은 일반 포터보다 강한 스타우트 포터를 생산하기 시작했다. 이 맥주는 기네스 가의 뛰어난 사업수완과 결합하여 19세기 말 기네스사는 세계 최대 규모의 양조장으로 성장했다.

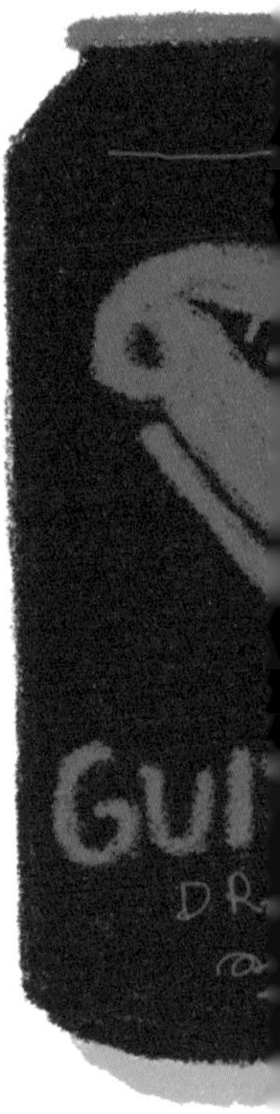

'기네스 스타우트(Guinness Stout)'는 다른 포터나 스타우트와 차별화되는 몇 가지 특징이 있다. 1880년 나라에서 맥아 사용량에 비례하여 맥주에 세율을 부과하자 기네스는 세금 절감을 위해 맥아 사용량을 줄였고, 일부를 구운 보리로 대체하여 위기를 넘겼다. 까맣게 태운 보리를 넣어 만들다 보니 태운 맥아를 쓴 포터와는 달리 볶은 보리 특유의 씁쓸한 풍미와 드라이한 맛을 자랑하게 되었다. 이어 1959년 세계 최초로 질소를 충전하여 포장한 '기네스 드래프트(Guinness Draught)'를 출시했고 1988년에는 질소 발생 장치인 위젯(Widget)이라는 플라스틱 공을 개발하여 캔맥주에 넣어 맥주 표면에 더욱 풍부한 질소 거품을 만들었다. 맥주 안에 들어있는 질소는 이산화탄소보다 더 작은 기포를 발생시켜 크림과 같은 미세한 거품을 만드는데, 캔을 따는 순간 위젯 안에 갇혀있던 질소가 미세한 구멍을 통해 빠져나오면서 크리미한 질소 거품을 풍부하게 만들어 낸다. 맥주를 따르고 난 뒤 기포가 아래로 내려앉았다가 천천히 떠오르며 대류 현상을 일으키는 것을 서징(Surging)이라 하는데 이것 역시 바로 이 질소 때문에 일어나는 현상이다.

우리가 잘 알고 있는 세계 최고의 기록을 모아 발간하는 책인 '기네스북'을 탄생시킨 곳도 기네스 양조장이다. 1951년 기네스의 대표이사였던 휴 비버가 친구와 사냥을 하던 중 가장 빠른 새를 놓고 언쟁을 벌이다가 특이한 기록을 모은 책은 발간하면 훌륭한 사업이 될 수 있다는 아이디어를 얻어 제작하기 시작한 것이 세계적인 베스트셀러가 되었다.

그 밖에 다양한 영국의 에일

'마일드 에일(Mild ale)'은 아주 오래전부터 영국인들이 즐겨 마셨던 영국식 맥주로 알코올 도수가 낮고 색이 짙으며 홉의 향미가 약하다. 전통적인 마일드 에일의 개념은 특별한 컬러나 도수 또는 스타일 없이 신선하고 숙성되지 않은 매일 마시는 에일을 의미한다. 국내에는 세븐브로이 양조장에서 생산되는 '강서 마일드 에일'이 있는데 한국에서도 소비층이 두터운 크래프트 맥주 중 하나다.

오랜 역사를 간직한 영국의 에일 중'골든 에일'은 그 역사가 길지 않다. 아메리칸 페일 라거가 세계 맥주 시장을 주도하게 되면서 영국

강서 마일드 에일
원산지 한국 **제조** 세븐브로이
종류 마일드 에일 **ABV** 4.6%
고온에서 구운 맥아를 풍부하게 사용하여 호박색에 가깝고, 맥아의 고소함과 오렌지, 망고, 솔잎 향과 같은 은은한 홉 향이 조화를 이루는 부드러운 맥주다.

빅 웨이브 골든 에일
Big Wave Golden Ale
원산지 하와이 **제조** 코나 브루잉 **종류** 골든 에일 **ABV** 4.4%
오렌지, 살구, 복숭아, 망고와 같은 달콤한 열대 과일 향과 견과류, 비스킷 등의 맥아 풍미가 어우러진 밝은 황금색의 부드러운 에일이다.

의 에일 양조장들이 라거에 대항할 만한 맥주를 만든 것이 1980년대 탄생한 골든 에일이다. 골든 에일은 더운 여름에 시원하고 가볍게 즐길 수 있는 스타일로 라거보다 홉과 맥아의 풍미를 더 잘 느낄 수 있고, 구릿빛에 가까운 황금색을 띠며 꿀, 비스킷 같은 곡물의 단맛, 깔끔한 몰트의 풍미, 은은한 홉 향, 부드러운 바디감이 특징이다. 초기의 골든 에일은 영국 홉을 주로 사용하여 흙냄새, 풀냄새를 가졌다면 최근에는 미국산 홉을 사용하여 자몽 향이나 과일 향, 허브의 향기를 느낄 수 있는 제품도 있다. 미국식 페일 에일과 유사하면서도 조금 더 부드럽다.

'브라운 에일(Brown Ale)'은 18세기경 버튼 지역의 페일 에일의 인기에 대항하고자 뉴캐슬 지방에서 양조하기 시작했다. 쌉싸름한 맛을 내는 홉의 사용량을 줄이는 대신 고온에서 구운 색이 진한 맥아를 풍부하게 사용한다. 그래서 색깔이 갈색에 가까우며 비스킷, 견과류, 토스트의 고소함과 맥아의 풍미를 잘 느낄 수 있고 약간의 달콤함도 느낄 수 있다. 최근에는 크래프트 맥주의 본산지인 미국에서 영국식 브라운 에일을 재해석한 '아메리칸 브라운 에일'을 많이 빚고 있다. 미국식 브라운 에일은 맥아의 풍미를 잘 느낄 수 있는 영국식과 유사하나 시트러스 홉을 많이 사용하여 좀 더 복잡한 향미를 가지고 있다.

스코틀랜드식 에일 맥주는 평균적인 영국 에일보다 보리 향이 더 풍부하다. 전통적으로 스코틀랜드는 홉 재배가 어려운 기후다 보니 홉을 적게 사용하여 맥아의 풍미를 강조한 '스카치 에일(Scoth ale)'을 제조했다. 스카치 에일은 4개의 등급으로 나누는데, 알코올 도수 3.5% 이하의 라이트(Light), 3.5%~4.5% 사이의 헤비(Heavy), 4.0~5.5% 사이의 엑스포터(Export), 6.0% 이상의 위 헤비(Wee Heavy)가 있다. 국민 맥주라 불리는 '테넌츠 스카치 에일'이 가장 유명하며, 최근 크래프트 맥주에서도 위 헤비 등급을 기본으로 스카치 에일을 많이 만들고 있다.

레페 브라운
Leffe Brown

원산지 벨기에
제조 에비 드 레페
종류 브라운 에일
ABV 6.5%

고온에서 구운 스페셜 몰트를 사용한 짙은 갈색 맥주다. 비스킷, 견과류, 건자두, 토스트의 고소함 등 맥아의 풍미를 제대로 느낄 수 있고, 입안에 달콤함이 남는 무게감 있는 맥주다.

테넌츠 스카치에일
Tennent' s Scotch Ale

원산지 영국
제조 테넌츠 칼레도니안 브루어리UK
종류 스카치 에일 **ABV** 9.0%

풍부한 스페셜 몰트의 건자두, 건포도, 구운 식빵, 캐러멜의 풍미가 강하고 짙은 호박색을 띤다. 달콤한 맛 뒤로 알코올의 쓴맛, 약한 청량감을 느낄 수 있다.

톡톡 튀는 신흥 강자,
미국의 에일

마이크로 브루어리의 탄생

유럽을 비롯해 전 세계를 휩쓸었던 강한 맛의 페일 에일과 IPA의 인기는 그렇게 오래 가지 못했다. 대영제국은 세계 곳곳에서 식민지 쟁탈을 위한 전쟁을 치렀고, 전쟁자금 마련을 위하여 지속해서 세금을 인상했다. 맥주의 주세 역시 인상되기 시작했는데 알코올 도수에 따라 세금을 부과하다 보니 도수가 높은 IPA는 더 많은 세금을 내야 했다. 양조장들은 이윤을 확보하기 위해 에일의 알코올도수를 낮추어 생산하기 시작했고, 강렬한 맛을 추구하던 페일 에일은 그 정체성과 함께 명성도 잃게 되었다.

잊혀가던 영국식 페일 에일과 IPA는 뜻밖에도 1980년대 혁신과 창의력으로 무장한 미국인들에 의해 부활의 기회를 맞이했다. 한때 미국에서는 가정에서 맥주를 양조하는 것이 불법인 시기가 있었다. 하지만 밀주 형태로 맥주를 빚는 사람들이 생겨났고 이를 홈브루잉(Home brewing)이라 불렀다.

1978년 금지되었던 홈브루잉이 합법화되면서 자신만의 스타일로 맥주를 빚어 마시는 취미 활동이 유행하기 시작했다. 얼마 지나지 않아 소규모 양조장을 직접 차려 다양한 맛과 독특한 향을 내는 에일의 맛을 다시 구현하고자 하였다. 이렇게 창의적이 미국에서 최초로 크래프트 맥주 양조장의 포문을 연 곳은 샌프란시스코의 조그만 앵커 양조장을 인수한 프리츠 메이택이었다.

고 개성 강한 맥주를 만드는 작은 양조장을 크래프트 양조장(Craft brewery), 마이크로 브루어리(Micro brewery)라고 부른다.

에일 부활의 서막, 앵커 브루잉 컴퍼니

미국에서 최초로 크래프트 맥주 양조장의 포문을 연 곳은 샌프란시스코의 조그만 앵커 양조장을 인수한 프리츠 메이택이었다. 이 양조장은 금을 찾아 캘리포니아로 사람들이 몰려온 '골드러시' 시절 광부들에게 맥주를 공급하기 위해 세워진 양조장으로 대대로 빚어 오던 '스팀맥주(steam beer)'라는 독특한 맥주를 생산했다. 스팀맥주는 골드러시 시절 서부 해안을 중심으로 빚어졌던 맥주로, 라거 효모를 사용하지만, 상온에서 발효시켜 제조한다. 원래 라거는 낮은 온도에서 빚는 맥주지만 캘리포니아는 더운 지역이다 보니 겨울에도 얼음을 구할 수 없었고 냉동장치도 없던 시절이라 상온에서 발효시키는 스팀맥주를 만들었다. 앵커 양조장이 1981년에 스팀맥주를 상표등록 하였기 때문에 스팀맥주라는 단어는 앵커 양조장에서만 사용할 수 있고, 같은 행태의 맥주를 생산하는 다른 양조장들은 이것을 '캘리포니아 커먼(California Common)'이라 표시한다.

메이택은 스팀맥주를 생산하는 동시에 새로운 양조

앵커 스팀 맥주 Anchor Steam beer
원산지 미국 샌프란시스코
제조 앵커 브루잉 컴퍼니
종류 스팀 맥주 **ABV** 5.0%
호박색을 띠며 과일, 꽃과 같은 발효 향이 풍부하다. 은은한 맥아 향과 캐러멜 풍미가 느껴지고, 풍성한 거품과 부드러운 쓴맛이 특징이다.

법 연구에 매진하여 1975년 역사에 남을 페일 에일 스타일 '리버티 에일(Liberty Ale)'을 출시했다. 리버티 에일은 사라져가던 페일 에일의 전통을 부활시킴과 동시에 캐스케이드 홉과 드라이 호핑 공법으로 만들어진 새로운 스타일의 맥주였다. 메이택은 열대 과일과 자몽 향, 강렬한 꽃향기를 가지는 캐스케이드 홉을 우연히 접하게 되면서 자신의 맥주에 이 캐스케이드 홉을 다량으로 첨가했다. 옛날 영국에서 완성된 맥주에 생 홉을 넣기도 했었다는 이야기를 들은 메이택은 실험 삼아 발효 중인 맥주에 생 홉을 첨가해 보았는데, 강렬한 쓴맛과 함께 엄청난 홉의 향기를 발산하는 페일 에일이 만들어진 것이다. 이 생 홉을 첨가한 새로운 페일 에일은 시판 초기에는 라거에 익숙한 소비자들로부터 외면받았지만, 서서히 애호가들이 늘어나기 시작했다. 강렬한 쓴맛과 풍부한 아로마를 가진 이 리버티 에일은 이후 '미국식 페일 에일'의 전형적인 스타일로 자리 잡게 되었다.

아메리칸 페일 에일과 새로워진 IPA

캘리포니아 치코시에서 자전거 수리점을 하던 켄 그로스먼은 집에서 맥주를 만드는 것이 취미였다. 맥주 양조에 점점 빠져든 그로스먼은 1980년 자신의 작은 창고에 시에라 네바다 양조장을 설립하였다.

앵커 리버티 에일

Anchor Liberty Ale

원산지 미국 샌프란시스코 **제조** 앵커 브루잉 컴퍼니 **종류** 아메리칸 페일 에일 **ABV** 5.9%

밝은 호박색에 탄산 함량이 적어 거품이 얇다. 자몽, 오렌지, 파인애플과 같은 열대과일 향이 풍부하고 홉의 쌉싸름한 맛 뒤로 스페셜 몰트의 고소함, 캐러멜의 풍미와 함께 살짝 단맛이 느껴진다.

시에라 네바다 페일 에일

Sierra Nevada Pale Ale

원산지 미국 **제조** 시에라 네바다 브루잉 컴퍼니

종류 아메리칸 페일 에일 **ABV** 5.6%

밝은 오렌지색의 약간은 탁한 바디를 가졌다. 자몽, 꽃 등 풍부한 홉 향과 쌉싸름함, 가벼운 캐러멜 몰트와 감귤류의 맛이 강하다.

그로스먼은 처음부터 영국식 에일과는 다른 미국 고유의 맥주를 만들고자 하였고, 작은 창고에서 시작한 시에라 네바다 양조장은 오늘날 미국에서 두 번째로 큰 크래프트 양조장으로 성장하였다. 그로스먼의 페일 에일은 현재까지도 처음 만들었던 제조법 그대로 양조하고 있으며, '아메리칸 페일 에일'의 표준으로 자리 잡아 다른 크래프트 양조장에도 큰 영향을 끼쳤다.

시에라 네바다 양조장이 만들어낸 아메리칸 페일 에일의 성공은 곧이어 IPA로 이어졌다. 크래프트 양조장들은 전해져오는 영국의 IPA를 참고하여 새로운 IPA를 창조해 나가기 시작했다. 미국의 양조가들은 엄청난 양의 홉을 IPA에 첨가하여 강렬한 쓴맛의 에일을 만들었다. 자몽, 오렌지, 망고, 열대 과일 향을 폭발적으로 내뿜는 개량된 홉들이 속속 재배되면서 새로운 맛을 추구하는 양조가들에 의해 경쟁적으로 사용되었고, 한잔을 마셔도 입안에 향기로 가득 차는 맥주를 만들었다. 크래프트 양조가들은 만족하지 못하고 더 자극적인 IPA를 경쟁적으로 만들었다. 이들은 더 나아가 홉을 두 배, 세 배 이상 넣고 알코올 도수를 높인 '더블 IPA', '임페리얼 IPA'라는 새로운 IPA를 탄생시켰다. 하지만 2000년 중반까지 이어졌던 쓴맛 경쟁은 좋은 결과로 이어지지 않았고, 점차

스컬핀 IPA Sculpin IPA
원산지 미국 **제조** 밸러스트 포인트 브루잉 컴퍼니 **종류** 서부식 IPA **ABV** 7.0%
미국의 국민 IPA로 드라이 호핑을 거쳐 자몽, 꽃, 풀, 열대과일 향과 강렬한 쓴맛이 전형적인 미국식 IPA.

로스트 코스트 인디카 IPA
Lost Coast Indica IPA
원산지 미국 **제조** 로스트 코스트
종류 서부식 IPA **ABV** 6.5%
국내에 처음 수입된 미국식 크래프트 맥주. 자몽, 감귤, 꽃향기가 가득하고, IPA의 특징인 쓴맛을 줄여 크래프트 맥주 입문에 최적화된 맥주다. 기분 좋은 쓴맛과 적당한 달달함의 균형이 탁월하다.

자정작용이 일어나면서 IPA는 안정적인 맛으로 자리를 잡았다.

미국식 IPA가 유행하면서 다양한 IPA가 만들어지게 되자 스타일도 세분화되었다. 최근에 인기 있는 IPA는 '서부식 IPA(West Coast IPA)'와 '뉴잉글랜드 IPA(New England IPA)'다. 서부식 IPA는 홉을 다량 사용하여 자몽, 레몬, 살구, 열대 과일 등 시트러스 계열의 향과 홉의 쓴맛이 부각되고 단맛은 거의 없는 밝은색 맥주다. 뉴잉글랜드 IPA의 가장 큰 특징은 여과하지 않는 점이다. 색이 혼탁하기는 하지만 효모가 풍부하고 묵직한 무게감과 함께 달콤함이 있으며, 향이 강한 홉을 사용하여 과일 향, 꽃 향이 풍부하다. 서부식 IPA의 맛이 깔끔하고 드라이하다면 미국 동부식의 뉴잉글랜드 IPA는 달콤하고 묵직하다.
다양한 성공과 함께 미국 전역에 크래프트 맥주 열풍이 불면서 70년대 44개였던 양조장은 오늘날 6,000여 개가 넘으며 활성화되었다.

엠버 에일

'엠버 에일'은 호박 보석의 색깔을 띤다고 하여 붙여진 이름으로 페일 에일과 브라운 에일의 중간 정도의 색을 가졌다. 대표적으로 미국 서부 지역의 로스트 코스트 브루어리에서 만드는 '홉캣 엠버 에일

(Hopcat Amber Ale)'이 홉과 맥아의 균형감이 뛰어난 맥주로 인기가 있다. 그밖에 미국 밸라스튼 포인트 브루잉 컴퍼니에서 만드는 '밸라스트 포인트 칼리코 엠버'와 시몬즈 파슨스 시스크에서 만든 '파슨스 블루 레이블 앰버 에일'도 인기 있다.

홉갯 엠버 에일
Hopcat Amber Ale
원산지 미국 **제조** 로스트 코스트 **종류** 엠버 에일 **ABV** 5.5%
최고급 품질의 홉을 사용하여 오렌지, 복숭아, 살구의 화사한 향과 달콤한 캐러멜, 초콜릿, 구운 맥아의 풍미가 완벽한 균형감을 이룬다. IPA 같은 쌉쌀한 맛과 끝에 독특한 단맛을 느낄 수 있다.

구스 아일랜드 혼커스 에일
Goose Island Honkers Ale
원산지 미국
제조 구스 아일랜드 비어 컴퍼니
종류 잉글리쉬 비터 **ABV** 4.3%
청량감이 풍부하고 밀 맥아가 첨가되어 달착한 맛이 정통 에일과는 조금 거리가 있다. 호박색을 띠고 홉의 쌉쌀한 맛, 구수한 맥아 향과 캐러멜, 비스킷의 풍미가 조화롭다.

라거의 나라에서 빚는,

독일의 에일

밀로 만든 맥주, 바이젠

맥주는 보리로 만드는 것이 일반적이지만 밀이 들어가는 맥주도 있다. 밀맥주라고 하여도 원료의 절반 정도는 보리 맥아를 사용하고 간혹 생밀을 사용하기도 한다. 밀맥주는 독일 뮌헨을 대표하는 맥주 중 하나로 독일어로 바이젠(Weizen), 바이스 비어(Weiss bier), 바이스(Weiss)로 부른다. 보리 맥주보다 좀 더 밝은색을 띠다 보니 주로'희왛다'는 뜻의 바이스로 불렸다. 벨기에에서는 벨지안 화이트(Belgian White) 또는 윗 비어(Wit bier), 그 외 국가에서는 위트 비어(Wheat beer)라 부른다.

오랫동안 독일 남부 바이에른 지방에서 마셔온 밀맥주는 1500년대 맥주의 원료는 보리, 물, 홉, 효모 외에 어떤 재료도 들어가서는 안 된다는 '맥주순수령'이 반포되면서 밀을 맥주 재료로 사용할 수 없게 되었다. 맥주순수령을 반포하게 된 이유 중 하나가 식

파울라너 헤페 바이스비어 Paulaner Hefe-Weissbier
원산지 독일 **제조** 파울라너 **종류** 헤페 바이젠 **ABV** 5.5%
1600년대부터 독일 뮌헨의 미니미 수도원에서 빚어 마셨던 양조법을 이어받은 밀맥주. 효모가 첨가되어 있어 탁한 황금색을 띠고 특유의 바나나, 정향, 바닐라 향을 느낄 수 있다. 열대 과일의 풍미와 적당한 쓴맛, 신맛이 균형있다.

밀맥주는 보리 맥주보다 좀 더 밝은색을 띠다 보니 주로 하얗다는 뜻의 바이스로 불렸다. 벨기에에서는 벨지안 화이트(Belgian White) 또는 윗 비어(Wit bier), 그 외 국가에서는 위트 비어(Wheat beer)라 부른다.

량으로 사용하는 밀을 맥주 양조에 사용하지 못하게 하여 식량난을 해결하고자 한 것이었다. 그렇지만 밀맥주를 전혀 만들지 못했던 것은 아니었다. 귀족이나 왕실을 위한 밀맥주는 암암리에 만들어졌다. 데겐베르크(Degenberg)가에 밀맥주 양조 허가권을 편법으로 주어 상류층은 밀맥주를 조달해 마셨다. 훗날 이 양조 권리는 밀맥주의 인기가 침체되자 민간으로 풀리게 된다. 게오륵 슈나이더는 민간에 풀린 양조권을 사들여 바이젠의 명맥을 이어 갔다. 그로부터 30여 년이 지난 후 에딩거 양조장이 설립되었고, 오늘날 최대 밀맥주 양조장으로 성장했다. 바이젠도 다른 에일과 마찬가지로 라거에 밀려 사라질 뻔했으나 독특한 풍미와 먹음직스러운 비주얼, 착 달라붙는 바디감이 현대인을 매료시키기 충분했고, 맥주인 들의 사랑을 듬뿍 받으며 성장하고 있다.

한국에서는 소규모 맥주 양조장이 처음 도입되어 독일식 맥주를 빚던 시절, 바이젠은 당연히 갖추어야 하는 맥주였다. 우리가 즐겨 마셨던 밀 막걸리와 유사한 특징과 향수가 묻어나다 보니 한국인이 특히 좋아하는 맥주이기도 했다. 밀맥주는 매우 부드럽고 질감이 좋으며, 약간의 신맛과 단맛이 있다. 밀은 보리보다 단백질이 많다 보니 특유의 뿌연 빛을 띠며, 거품을 풍부하게 하고 오랫동안 지속시켜주어 마시는 동안 풍성한 거품이 먹음직스럽게 유지된다. 그리고 효모가 발효과정에서 만들어내는 바나나, 바닐라, 정향, 꽃향기로 표현되는 맥주의 독특한 향기가 일품이다. 이러한 향미가 부각되도록 바이젠은 홉을 아주 적게 사용하기 때문에 홉의 풍미는 미미한 편이다. 오늘날 독일에서는 맥주 시장의 1/3을 바이젠이 차지하며 우리나라에서도 점유율이 점차 증가하고 있다.

바이젠 중에는 '헤페 바이젠(Hefeweizen)'이 있다. 헤페(Hefe)는 효모를 말한다. 즉 효모를 걸러내지 않아 더욱 뿌옇고 구운 식빵, 비스킷과 같은 풍미가 특징이다. 헤페 바이젠은 병이나 캔 제품에도 효모가 들어있으므로 효모와 함께 단번에 따를 수 있도록 전용 잔을 사용하는 것이 좋다. 맥주를 따를 때 천천히 잔에 따르다가 1/4 정도 남았을 때 병 또는 캔을 흔들어 가라앉아 있는 효모를 일으켜 남김없이 따라낸다. 헤페 바이젠과 달리 효모를 걸러내어 투명하게 만든 바이젠을 '크리스털 바이젠(Kristall Weizen)'이라 한다. 그 외에도 흑맥주와 같이 색이 진한 '둔켈 바이젠', 알코올도수를 높인 '바이젠 보크' 등 다양한 형태가 있다.

알트와 쾰쉬

'알트 비어(Alt Bier)'와 '쾰쉬(Kölsch)'는 독일의

대표적인 에일 맥주다. 알트(Alt)는 독일어로 올드(old)란 뜻으로 옛날 스타일의 맥주를 말한다. 캐러멜 맥아를 일부 사용하여 갈색에 가깝고, 홉을 풍부하게 사용하여 홉 향과 쌉쌀한 맛이 강하다. 상온에서 발효시키기 때문에 에일 특유의 과일 향과 꽃 향이 강하며, 0℃ 내외의 낮은 온도에서 숙성하여 뒷맛이 깔끔하다.

쾰쉬는 독일 중서부도시 쾰른(Köln) 지역에서 만들어진 에일이다. 홉의 풍미가 낮은 대신 낮은 온도에서 숙성시켜 과일 향이 조금 있고 드라이한 맛을 가진 밝은색 계열의 맥주다. 쾰쉬는 원산지 명칭 보호를 받아 독일 쾰른 지역에서 정해진 방식으로 양조하여야 명칭을 사용할 수 있다.

가펠 쾰쉬 Gaffel Kolsch
원산지 독일 **제조** 프라이빗 브루어리 가펠 베커 앤 컴퍼니
종류 쾰쉬 **ABV** 4.8%
낮은 온도에서 장기간 숙성시켜 라거의 특징을 가지면서 에일 방식으로 발효시켜 벌꿀, 꽃 향과 같은 발효 향을 가지고 있다. 맥아의 향미는 풍부한 편이나 홉의 풍미는 비교적 미미하고 가벼워 목 넘김이 편하다.

전통과 개성이 조화로운,

벨기에의 에일

호가든 마을의 윗 비어

한국인이 가장 사랑하는 밀맥주인 '호가든(Hoegaarden)'은 대표적인 벨기에 밀맥주다. 호가든 밀맥주는 OB맥주와 라이센스 계약을 통하여 한국에서 직접 생산하게 되면서 더욱 친숙한 이름이다. 호가든은 벨기에 플람스브라반트 지역의 작은 마을 이름이다. 이곳은 홉이 보편화되기 이전부터 밀과 보리로 맥주를 양

호가든 Hoegaarden
원산지 한국 외 2개 국 **제조** AB인베브
종류 벨지안 위트비어 **ABV** 4.9%
보리와 밀 맥아, 홉 외에 오렌지 껍질과 고수 열매가 들어간다. 연노란 빛깔, 풍성한 거품과 상큼한 꽃향기, 바닐라 향과 향신료의 풍미를 느낄 수 있다. 밀맥주 특유의 부드러운 질감과 무게감이 특징이다.

호가든은 벨기에 플람스브라반트 지역의 작은 마을 이름이다. 이곳은 홉이 보편화되기 이전부터 밀과 보리로 맥주를 양조했고, 갖가지 향신료, 허브 등을 넣은 맥주를 빚어왔다.

조했고, 갖가지 향신료, 허브 등을 넣은 맥주를 빚어왔다. 호가든 지역에서는 대대로 오렌지 껍질과 고수 씨앗을 넣어 에일을 빚는 전통이 있었는데 당시에도 무척 인기가 있어 타지역으로까지 명성을 떨쳤다.

그러나 호가든의 밀맥주도 라거 열풍을 피해 가지 못했다. 마지막으로 남아 있던 호가든 마을의 톰신 양조장이 1957년 문을 닫으면서 잊혀가던 호가든은 젊은 시절 톰신 양조장에서 일했던 피에르 셀리스의 노력으로 부활하게 된다. 셀리스는 양조장을 세우고 젊은 날의 기억을 더듬어 옛 맛을 재현한 호가든 밀맥주를 생산하기 시작했다. 셀리스의 밀맥주 공장은 큰 호응을 받으며 중견 양조장 규모로 성장하였지만, 불행히도 1885년 발생한 화재로 양조장이 무너져 버려 큰 피해를 보고 말았다. 그때 스텔라 아르투아가 복구비를 대는 대신 지분 45%를 보유한 채 셀리스의 사업에 합류한다. 이후 스텔라 아르투아는 AB인베브와 합병하게 되었고, 오늘날 호가든 밀맥주는 세계 최대 맥주회사인 AB인베브 사의 제품으로 지구촌 곳곳에 판매되고 있다.

황금빛 블론드 에일

영국에 골든 에일이 있다면 또 다른 맥주 강국 벨기에에는 블론드 에일(Blonde ale)이 있다. 'Blonde'

는 금발 머리를 뜻하며, 골든 에일과 마찬가지로 진한 황금색을 띠는 에일이다. 골든 에일보다 훨씬 깔끔한 편이며, 쓴맛이 약간 강하고, 단맛과 무게감이 적어 물리지 않게 마실 수 있다. 유명 맥주로는 벨기에 수도원 맥주로 알려진 레페 블론드(Leffe Blonde), 벨기에 무르트가트의 '악마'라고 불리는 듀벨(Duvel)이 있다.

듀벨 Duvel
원산지 벨기에 **제조** 듀벨 무르트가트 **종류** 골든 에일 **ABV** 8.5%
플랑드르어로 악마라는 뜻으로 8.5%의 높은 도수와 강렬한 맛 때문에 붙여진 이름이다. 벨지안 스트롱 골든 에일의 대표 주자로 병 안에서 2차 발효와 장기간 숙성을 거친다. 풍부한 거품과 함께 견과류, 발효 빵의 풍미와 함께 사과, 감귤류, 바나나 등의 복합적인 과일 향기와 상큼한 신맛이 어우러진 금빛 맥주다.

농가 맥주, 세종

벨기에는 다른 나라에 유례가 없는 전통 방식으로 야생 맥주를 빚었고, 오늘날까지 그 방식을 지키며 맥주를 만들기에 애호가들로부터 많은 호평과 찬사를 받고 있다. '람빅', '괴즈'와 같은 자연 발효 맥주를 비롯하여 '크릭', '람브와즈' 같은 과일맥주와 시골 농가에서 빚기 시작한 '세종', '수도원 맥주' 등도 널리 알려져 있다.

세종 듀퐁 Saison Dupont
원산지 벨기에 **제조** 브라세리 듀퐁
종류 세종 **ABV** 6.5%
전통적인 벨지안 팜 하우스 에일. 호박색을 띠며 고소하고 조청과 같은 달달한 향기가 있지만, 단맛은 적고 쌉쌀한 맛이 느껴진다. 바닐라, 바나나, 허브, 건초, 흙 향기와 향신료의 풍미, 탄산이 풍부하고 마시기 편하다.

세종대왕을 연상시키는 '세종'은 벨기에 남부 지역의 농가에서 빚어 마시던 농주로 영어의 계절(Season)을 의미하는 프랑스어 'Saison'에서 유래했다. 우리나라 막걸리와 같이 농가에서 농부들이 빚어 마시는 맥주이다 보니 꼭 정해진 양조법이 있는 것도 아니고 레시피를 기록해 둔 것도 아니었다. 농가에서 간단한 양조 도구로 빚는 '팜 하우스 에일'이다 보니 더운 날씨에 빚으면 박테리아의 오염으로 상하는 경우가 많았다. 냉장 시설이 없던 시절이라 추수가 끝나고 날씨가 쌀쌀한 계절에 맥주를 빚어 서늘한 창고에 보관해 두었다가 돌아오는 농사철에 즐겨 마셨다. 농주답게 세종은 알코올 함량이 낮으며 갈증 해소에 좋은 음료로 밝은 색상의 가볍게 즐기는 맥주다. 보리, 밀, 호밀, 귀리 등 다양한 곡류를 사용하기도 하고 허브, 향신료, 꿀, 설탕 등을 넣기도 하며 꼭 우리나라 막걸리와 같이 만드는 방법도 무척 자유롭다.

그래서인지 다양성, 독창성을 추구하는 크래프트 양조장들이 이 맥주에 주목하게 되었고, 오늘날 많은 크래프트 양조장에서 빚어지고 있다. 크래프트 맥주 양조장들은 벨기에의 전통 세종 맥주를 그대로 재현하기보다는 자유로운 양조법과 다양한 부재료를 사용하고 심지어 나무통에 숙성시키기거나, 샴페인 병을 사용하는 등 변형된 스타일로 독특한 맥주를 빚어낸다. 한국에서도 양조장 고유의 방식으로 세종을 빚어 내놓아 인기리에 소비되고 있다.
전통적인 세종 맥주로는 벨기에 브라세리 뒤퐁 양조장의 '세종 뒤퐁(Saison Dupont)'이나 브라세리 드 실리의 '실리 세종(Silly Saison)'이 유명하고, 크래프트 맥주로는 미국 스리 플로이즈 양조장의 '래비드 래빗(Rabbid Rabbit)'과 국내 플레이그라운드 양조장의 '미스트레스 세종(Mistress Saison)', 제천에서 수확한 홉을 사용하는 솔티맥주 '솔티의 봄(Saison)' 등이 있다.

한편 프랑스 북동부 지역 농가에서도 세종과 같은 에일을 만들어 마셨는데 이를 '비에르드 가르드(Bière de garde)'라 불렀다. 비에르드 가르드는 '저장맥주'라는 뜻으로 가을, 겨울에 맥주를 만들어 지하실 등에 오랫동안 보관하였던 것이 기원이 되었다. 세종과 유사한 스타일이지만 알코올도수가 5~7%로 높고 장기 숙성으로 인한 숙성 향과 비스킷, 꿀 등의 특별한 향미를 느낄 수 있다.

트라피스트 맥주

벨기에의 전통 있는 맥주는 마니아들로부터 '믿고 마시는 맥주'로 통할 정도로 그 품질을 인정받고 있다. 그중에서도 수도원에서 만드는 '수도원 맥주

(Abbey ale)'는 품질을 인정받는 전통을 간직한 맥주이다. 중세 유럽의 수도원에서는 자급자족 생활을 영위했고, 직접 농사지은 농산물로 맥주를 빚었다. 맥주 제조를 위한 노동도 수도 생활의 일환으로 여겼던 수사들은 고대 맥주를 한 단계 더 발전시키는데 크게 기여했다. 특히 금식해야 했던 사순절 기간에는 음식을 먹을 수 없었지만 맥주는 마실 수 있었고, 수사들에게 맥주는 주요한 영양 공급원이 되어 주었다. 여분의 맥주는 순례자와 방문객을 대접하는 용도로 쓰였고 종교활동에 필요한 재원 마련에도 활용되었다. 수도원 맥주는 밀맥주, 브라운 에일, 다크 에일에 이르기까지 다양한 에일을 제조해 왔기 때문에 단일한 맥주의 스타일로서 규정지을 수는 없다. 대표적인 맥주로는 800년의 전통을 간직한 '레페 브라운'과 '헤벌리 화이트'가 국내에서 많이 알려져 있다.

수도원 맥주 중에서 가톨릭 수도회인 트라피스트 수도회에 소속된 수도원에서 만든 맥주를 '트라피스트 맥주(Trappist beer)'라 부른다. 트라피스트는 세계적 명성과 깊고 풍부한 맛으로 맥주 마니아들이 열광하는 맥주이다. 트라피스트 수사들이 직접 생산한 맥주 또는 이들의 감독하에 생산된 맥주에는 '어센틱 트라피스트 프러덕트(Authentic Trappist Product)'라는 육각형 로고를 붙일 수 있다. 이 맥주는 영리를 목적으로 만들지 않으며, 수도원 유지비를 위해 쓰고 나머지는 자선단체에 기부하게 되어 있다.

트라피스트 맥주는 알코올 함량에 따라 엥켈(Enkel. 3~5%), 두벨(Dubbel. 6%~8%), 트리펠(Tripel. 8%~10%), 쿼드루펠(Quadrupel, 10~12%)로 나뉜다. 트라피스트 맥주의 등급이 어렵다 보니 대표적인 맥주 '시메이(Chimay)'는 알코올도수에 따라 골드(4.8%), 레드(7%), 트리펠(8%), 블루(9%)로 색깔을 달리하며, 알코올도수 외에도 맛과 향, 색깔에서도 큰 차이가 있다. 골드는 효모를 여과하지 않아서 혼탁한 황금색을 띠며 달콤한 열대과일 향이 풍성하다. 레드는 검붉은색을 띠며 맥아에서 기인한 캐러멜, 달콤한 과일 향이 풍부하다. 화이트는 호박색으로 과일 향과 상큼한 신맛 그리고 쓴맛이 균형 있다. 블루는 도수가 가장 높고 진한 갈색을 띠며 구수하고 달콤한 맛과 말린 과일의 풍미가 특징이다.

아시아의 크래프트 맥주 강국,

한국의 에일

국내에서 크래프트 맥주는 2002년 소규모 맥주 제조장 면허의 허용과 함께 시작되었다. 당시 제조된 크래프트 맥주는 양조장이 들어선 영업장 내에서만 마실 수 있었다. 그때만 하더라도 '맥주 하면 독일 맥주'라는 인식이 있었기 때문에 주로 독일 장비를 도입해 필스너, 둔켈, 바이젠과 같은 독일식 맥주를 판매했다. 하지만 충분한 사전 준비 없이 도입되었던 하우스 맥주는 양조기술력의 부족, 숙련된 양조가의 부재 등으로 대중의 기대에 못 미치는 경우가 많았다. 시판되는 라거 맥주보다 2~4배 비싼 가격에도 불구하고 품질은 그 기대에 상응하지 못하니 크래프트 맥주 열풍은 서서히 식어갔다.
수제 맥주에 많은 시행착오를 겪었던 한국의 크래프트 맥주 시장은 최근 들어 큰 변화를 맞이하고 있다. 미국식 크래프트 맥주가 큰 인기를 끌면서 어려운 환경에서도 힘겹게 버티며 살아남은 한국의 소규모 맥주 양조장들은 축적된 양조기술력을 바탕으로 미국식 크래프트 맥주를 양조하기 시작했다. 2014년부터 영업장 외부로 유통이 가능하도록 주세법이 개정되면서 크래프트 대중화 시대가 열렸고, 크래프트 맥주 시장이 다시 활기를 띠면서 소규모 맥주 양조장도 꾸준히 증가하였다.

한국은 미국의 페일 에일, 서부식 IPA와 마찬가지로

한국은 미국의 페일 에일, 서부식 IPA와 마찬가지로 쓴맛과 열대 과일 향, 꽃 향을 내뿜는 에일은 물론 뉴잉글랜드 IPA 등의 유행을 나란히 이어가며, 아시아에서 가장 앞서가는 크래프트 맥주 강국으로 자리 잡았다.

더 부스 유레카 서울 시트라 홉 에일
원산지 미국 캘리포니아 **제조** 더 부스 브루잉 컴퍼니
종류 IPA **ABV** 6.5%
시트라 홉을 가득 넣어 자몽, 오렌지, 레몬류의 시트러스한 풍미와 열대 과일 향이 폭발한다. 밀, 귀리가 들어가 탁한 오렌지색을 띠며 부드러운 질감과 밸런스가 잘 잡혀있다. 시트라, 모자익, 아이다호7 세 가지 다른 홉을 사용한 시리즈로 각각의 특징을 즐길 수 있다.

쓴맛과 열대 과일 향, 꽃 향을 내뿜는 에일은 물론 뉴잉글랜드 IPA 등의 유행을 나란히 이어가며, 아시아에서는 가장 앞서가는 크래프트 맥주 강국으로 자리 잡았다. 식을 줄 모르는 열풍에 대기업들도 동참하기 시작하여, 세계 1위 글로벌 주류회사인 AB인베브의 자회사 오비맥주가 크래프트 양조장 '더 핸드 앤 몰트'를 인수하며 크래프트 맥주 시장에 뛰어들었다. 그뿐만 아니라, 서울 강남 중심가에 '구스 아일랜드 브루 하우스'를 직접 설립하여 운영하고 있다. 시카고의 전통 있는 크래프트 양조장인 구스 아일랜드가 미국 본토 밖으로는 처음으로 한국에 지점을 설립한 것이다.

미노리 세션
원산지 강릉 **제조** 버드나무 브루어리
종류 세션 IPA **ABV** 4.6%
강한 홉의 풍미를 줄여 부담 없이 즐길 수 있도록 만든 IPA를 세션 IPA라 한다. 강릉시 미노리 마을에서 생산한 쌀 40%를 사용하고 라임, 감귤과 같은 시트러스 향과 뛰어난 청량감, 깔끔하고 가벼운 바디감을 가졌다.

반대로 한국의 맥주 양조장이 수제 맥주의 본고장인 미국에 진출해 맥주를 만들기도 한다. 이태원 경리단길 작은 펍에서 시작한 '더 부스'는 아시아 최초로 미국에 양조장을 직접 세우고 맥주를 만들어 현지인은 물론 국내로 역수출하여 내국인에게도 제공하고 있다. '플래티넘 크래프트'는 중국에도 진출하여 현지에 크래프트 양조장을 운영하고 있다. 한국의 크래프트 양조장들은 오미자, 인삼, 복분자, 지역 쌀 등과 같은 한국적인 재료를 첨가한 맥주를 개발하거나 직접 재배한 신선한 홉을 사용하며 세계 수제 맥주 시장을 선도하고 있다.

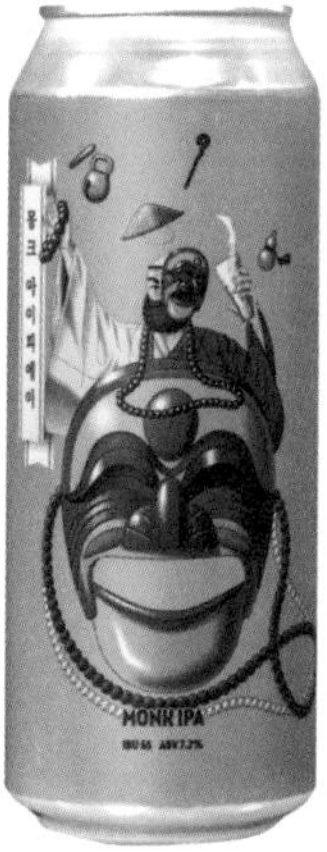

더 몽크 아메리칸 IPA

원산지 경기 고양 **제조** 플래이그라운드 **종류** 서부식 IPA **ABV** 7.2%
자몽, 오렌지 등의 시트러스 계열과 열대 과일, 송진의 향기로 구별되는 아로마 홉을 듬뿍 넣고, 드라이 호핑을 거쳤다. 호박색을 띠며 비스킷, 캐러멜, 구운 맥아의 묵직한 향미가 홉의 풍미와 조화롭다.

예측불허한 야생적 매력,

자연발효 맥주

람빅

'람빅(Lambic)'은 양조법이 매우 독특하다. 일반적인 맥주의 경우, 술을 망칠 수 있는 박테리아가 양조 과정에 유입되지 않도록 철저한 관리를 하지만, 람빅은 오히려 공기 중의 떠다니는 에일 효모를 비롯하여 박테리아까지 양조에 이용한다. 공기 중 미생물이 더 많이 내려앉을 수 있도록 맥아즙을 식힐 때도 넓은 통에 펴서 식히고 뚜껑이 없는 발효통에서 오랫동안 발효시킨다. 그런 까닭에 양조장의 서까래나 기둥, 공기, 먼지 속의 다양한 미생물들이 발효에 관여한다. 각종 야생효모가 발효에 영향을 미치고, 적게는 수백 종의 미생물이 발효에 관여한다.

원료는 맥아 외에 밀을 1/3 정도 사용하고 발효가 끝난 맥주를 나무통에 옮겨 담아 최소 6개월에서 3년에 걸쳐 장기간 숙성시킨다. 발효와 숙성과정에 온갖 미생물이 관여하다 보니 와인처럼 새콤하고 낙엽의 쿰쿰한 향과 버터와 치즈, 비스킷 등 복잡하고 다양한 풍미를 연출한다. 람빅 맥주는 아무 맥주에나 명칭을 쓸 수 없으며, 벨기에 브뤼셀 지역과 인근 지역에서 만든 자연 발효 맥주에만 이 명칭을 붙일 수 있다.

람빅 맥주는 탄산화를 거치지 않아 청량감이 없으

자연 발효 맥주는 뚜껑이 없는 개방식 발효통에서 공기 중에 있는 야생효모와 유산균 등 각종 박테리아가 양조 과정에 영향을 미치기 때문에 한마디로 표현하기 어려운 독특한 특성을 가진다. 상큼한 신맛과 함께 식초의 향기도 나고 야생 미생물로부터 발현되는 쾌쾌한 향기나 치즈 향도 나기도 하며 상큼한 샴페인을 마신다는 착각에 빠져들게 하는 맥주도 있다.

며, 숙성시간, 방법 및 생산연도에 따라 맛이 제각기 달라서 섞어서 마시는 것이 일반적인데 이렇게 블랜딩한 맥주에 '괴즈(Gueuze)'가 있다. 괴즈는 1년 정도 숙성시킨 람빅과 2~3년간 숙성시킨 람빅을 혼합하여 만든다. 숙성시기를 달리한 람빅을 블랜딩한 괴즈는 람빅보다 신맛이 적고 2차 발효를 거치기 때문에 탄산이 함유되어 청량감이 생긴다. 이와 같

은 맥주를 신맛이 강하다고 하여 '사우어 비어(Sour beer)', '사우어 에일(Sour ale)'이라고도 하고, 야생 미생물을 이용하였다고 하여 '와일드 비어(Wild beer)', '와일드 에일(Wild ale)'이라 부르기도 한다.

벨기에는 람빅을 베이스로 한 과일맥주도 유명하다. 체리를 넣어 만든 '크릭(Kriek)'과 라즈베리를 넣어 만든 '프람브와즈(Framboise)'가 가장 유명하며, 복숭아가 첨가된 '페쉐(Peche)', 블랙커런트를 넣은 '카시스(Cassis)'도 인기 있다. 대표 제품으로는 람빅의 명가로 알려진 린데만스 양조장의 린데만스 괴즈, 린데만스파로를 비롯한 과일맥주가 국내에서 판매되고 있고, 반 혼스브룩 브루어리의 세이트 루이스 프리미엄 크릭, 괴즈, 피치, 프람브와즈가 수입되어 맛볼 수 있다.

와일드 비어

벨기에의 사우어 에일이 미국 크래프트 양조장으로 옮겨가면서 새로운 유행을 만들었다. 바로 전통 방식의 양조법을 재해석한 신개념 사우어 에일 스타일의 '와일드 비어(Wild beer)'다. 벨기에의 사우어 에일은 야생의 미생물에게 맡겨서 자연 그대로 양조하였다면, 미국의 와일드 비어는 양조용 에일 효모와 함께 엄선된 유산균을 인위적으로 첨가하여 발효시켰고, 나무통에 숙성을 거쳐 만들었다. 창의적인 크래프트 양조가들에게는 정해진 양조법은 중요하지 않았고, 온갖 과일을 첨가하기도 하고 다양한 스타일의 맥주에 응용하며 사우어 에일을 만들었다.

한편 벨기에 플랑드르 지방에서 만드는 사우어 에일을 '플레미쉬 에일(Flemish ale)'이라 부르며 '플레미쉬 브라운 에일'과 붉은빛을 띠는 맥아를 사용하여 만든 '플레미쉬 레드 에일'이 있다. 플레미쉬는 미국의 와일드 비어와 마찬가지로 효모와 젖산균을 첨가한 후 나무통에서 오랫동안 숙성시켜 만든다. 생각만으로도 침이 고이는 사우어 에일은 식전주로도 제격이며, 치즈, 초콜릿, 카나페, 생선회와도 잘 어울린다.

몽스 카페 Monk' s cafe
원산지 벨기에
제조 반 스틴베르그 **종류** 플레미쉬 레드 에일 **ABV** 5.5%
어두운 갈색에 자두, 살구, 체리 등의 과일의 향과 함께 새콤달콤한 맛을 가졌다. 탄산이 풍부하여 청량감이 뛰어나 마치 샴페인 같다. 람빅이나 크릭보다 신맛이 약하고 과일의 풍미가 풍부하여 사우어 에일 입문용으로 좋다.

지금으로부터 약 500년 전 독일 남부 바이에른 공국의 빌헬름 4세는 맥주는 보리, 홉, 물, 세 가지만을 원료로 빚도록 제한하는 맥주순수령을 반포한다. 당시만 해도 효모의 존재를 알지 못했기 때문에 포함되지 않았지만, 1551년 맥주순수령이 개정되면서 효모가 추가되어 맥주 원료를 네 개로 한정하게 된다.

바이에른 공국은 왜 맥주순수령으로 원료를 통제했을까? 순수령 이전에는 보리와 밀이 맥주의 주원료였다. 특히 밀은 밀맥주의 원료인 동시에 식량인 빵을 만드는 재료였다. 다량의 밀이 양조에 사용되면서 식량부족에 시달리게 되자 주식으로 사용되는 밀이 맥주 빚는데 사용되는 것을 막아 식량난을 해결하고자 했다.

그리고 홉이 맥주 주원료로 자리 잡기 전에는 맥주 맛을 내고 상하지 않게 오래 보관하기 위해 다양한 약초와 향료를 넣어 만들었는데, 이것을 그루트(Grut)라 불렀다. 홉, 벚꽃 가루, 서양톱풀, 로즈메리, 생강, 노간주나무 열매, 캐러웨이, 향숙, 감초, 꽃, 잎, 뿌리 등을 사용하여 빚은 그루트는 향이 강하

고 자극적이었다. 맛이 진할수록 쉽게 중독되었고, 그것을 마신 사람들은 점점 더 강한 맛을 원했다. 더 강한 맛과 빨리 취하는 맥주를 만들기 위해 급기야 독초를 첨가하여 '지옥의 독' 이라는 맥주를 만들기도 했고 상하지 않는 맥주를 만들기 위한 주술적 행위로 심지어 사형수의 손가락까지 맥주에 사용하는 경우도 있었다. 독초가 든 그루트 맥주를 마시고 집단으로 사망하거나 앓아눕는 일이 종종 발생하자 독일에서는 맥주 제조에 관한 관련 법령인 맥주순수령으로 원료를 통제하게 된다. 이때부터 홉만을 사용하게 되었고, 홉은 중세 맥주 양조 역사의 혁신이었다. 산뜻하고 쌉쌀한 풍미의 홉은 빠른 속도로 바이에른 외 다른 지역에서도 그루트의 자리를 대신했고 미생물에 대한 항균 효과까지 가지고 있어, 오늘날 맥주 양조에 있어 빠질 수 없는 중요한 요소로 자리 잡았다.

1919년에는 독일 공화국 내의 모든 주에서 맥주순수령을 채택함으로써 이 순수령은 독일의 국법이 된다. 이러한 조치는 독일 맥주 산업 발전의 초석이 되어 네 가지 재료만으로 훌륭한 맥주를 만들며 맥주 대국으로의 명성을 세계에 떨쳤다. 오늘날에도 독일 내의 외국 맥주의 시장 점유율은 매우 낮다. 독일의 맥주들은 맥주순수령의 기준에 부합하는 맥주라는 뜻으로 '바이에른 맥주순수령에 따라 양조 됨(Gebraut Nach Dem Bayerischen Reinheitsgebot)' 문구를 라벨에 표시하는 것을 대단한 자부심으로 여긴다.

맥주는 마시는 온도와 잔의 선택, 곁들이는 음식에 따라 무한한 변신이 가능하다.

Chapter 04,
enjoy Beer

맥주 즐기기

맛있는 맥주 고르기의 시작,

레이블 읽기

캔이나 병맥주의 레이블에는 맥주의 스타일과 함께 알코올 도수가 표시되어 있고, 때로는 상세하게 맥주의 쓴맛 정도, 사용한 홉 등의 정보가 표기되어 있어 유용하다. 사용한 홉 명칭을 레이블에 표시했다는 것은 자신감의 표현이다. 자몽 향, 송진 향, 열대과일 향, 꽃향기를 내뿜는 스페셜 홉을 사용하였거나 뽐내고 싶은 홉을 사용하였다는 징표이기도 하다.

맥주의 쓴맛을 표현하는 통용된 단위에는 IBU(International Bittering Units)가 있다. 일반적으

맥주는 숙성이 완전히 끝난 뒤 가장 맛있는 시기에 출시해서 시간이 지날수록 홉의 풍미가 감소하고 좋지 않은 냄새가 날 수도 있고 원래의 신선한 맥주 맛을 느끼지 못할 가능성이 크다.

로 쓴맛이 미약한 아메리칸 페일 라거는 10 IBU 정도며, 필스너는 20~40 IBU, 아메리칸 페일 에일은 30~50 IBU, IPA는 40~80 IBU에 이른다. 최근에는 크래프트 맥줏집 메뉴판에도 IBU를 표기하는 추세다.

맥주에는 '유통기한'과 '품질 유지 기간' 중 하나를 표시한다. 유통기한은 일반적으로 1년에서 2년 사이로 정해지고 제조 일자와 함께 레이블에 표시되는데, 품질 유지기한으로 표시할 경우 그 기한은 1년이며 표시된 품질 유지 기한 날짜로부터 역으로 계산하면 언제 생산된 것인지 알 수 있다. 맥주는 숙성이 완전히 끝난 뒤 가장 맛있는 시기에 출시해서 시간이 지날수록 홉의 풍미가 감소하고 좋지 않은 냄새가 날 수도 있고 원래의 신선한 맥주 맛을 느끼지 못할 가능성이 크다. 특히 유럽이나 미국과 같은 먼 곳에서 수입하는 맥주는 운송 기간만 하더라도 30~60일이 소요되므로 날짜를 확인하여 유통기한이 임박한 맥주는 사지 않는 것이 좋다. 간혹 긴 항해 기간 적도를 넘나들면서 70도 이상의 고온에 오랫동안 노출되어 탄산압에 의해 캔 맥주의 아랫부분이 볼록하게 부풀어 오른 경우가 있는데, 맛이 변질되었을 확률이 높다.

맛있는 맥주를 찾아서,

크래프트 맥주 고르기

크래프트 맥주를 마실 수 있는 전문점은 크게 소규모 맥주 양조장을 갖추고 직접 만든 맥주를 판매하는 곳과 소규모 맥주 양조장으로부터 납품받아 판매하는 곳으로 나뉜다. 양조장이 있는 경우 바로 만든 신선한 맥주를 즐길 수 있는 장점이 있지만, 직접 만든 맥주 위주로만 판매하는 곳이 많기 때문에 맥주의 종류가 다양하지 않다. 판매점은 발효통에서 바로 뽑아낸 신선한 맥주를 마시는 특별한 느낌은 없지만, 여러 맥주를 공급받기 때문에 다양한 제품을 맛 볼 수 있다. 맥주를 따르는 탭이 많다는 것은 그만큼 많은 크래프트 맥주를 보유하고 있다는 것이다. 어떤 맥주를 골라 마실지 고민이 된다면 샘플러를 먼저 주문하는 것도 좋다. 샘플러는 대표 맥주 4~5가지 종류를 소량씩 제공하므로 맛을 본 다음 입맛에 맞는 맥주를 주문 할 수 있다.

크래프트 맥주는 대부분 살균하지 않은 맥주이다 보니 품질 유지를 위해 냉장 상태로 유통한다. 드문 경우이지만 양조 과정에 문제가 생기거나 냉장 유통하지 않아 이상발효 또는 박테리아 오염으로 상하거나 과도하게 가스가 생성되어 부풀어 오르는 경우가 있으므로 살 때 유심히 살펴보아야 하며 구매 후 반드시 냉장 보관해야 한다. 펍에서 주문한 맥주에서 비릿하고 역겨운 냄새가 난다면 숙성이 덜 되었거나 크래프트 맥주는 대부분 살균하지 않아 냉장 상태로 유통한다. 샘플러를 먼저 주문해 맛을 본 다음 입맛에 맞는 맥주를 주문하는 것이 좋다.

박테리아에 오염되었을 가능성이 크다. 와일드 비어, 괴즈와 같은 맥주가 아닌데도 시큼한 맛이 강하거나 마분지, 젖은 신문지와 같은 나쁜 냄새가 난다면 업소에 맛의 이상을 알리고 새로운 맥주를 제공받는 것이 좋다.

맥주가 더 맛있어지는 마법,

맥주잔 고르기

머그잔

손잡이가 있어 서빙하기 편리하고, 사람의 체온이 맥주에 전달되는 것을 막아주어 차가운 온도를 유지하기에 좋다. 두꺼운 유리 재질이다 보니 잔을 자주 부딪치더라도 잘 깨지지 않으며 맥주의 냉기를 오랫동안 유지시켜 주는 장점이 있다. 기포가 올라오는 모습을 충분히 감상할 수 있고, 잔 입구가 넓어 은은하게 피어나는 향을 잘 맡을 수 있는데다 거품과 함께 입술에 닿는 촉감이 좋아 라거 맥주를 취급하는 생맥주집에서 가장 많이 사용한다.

라거잔

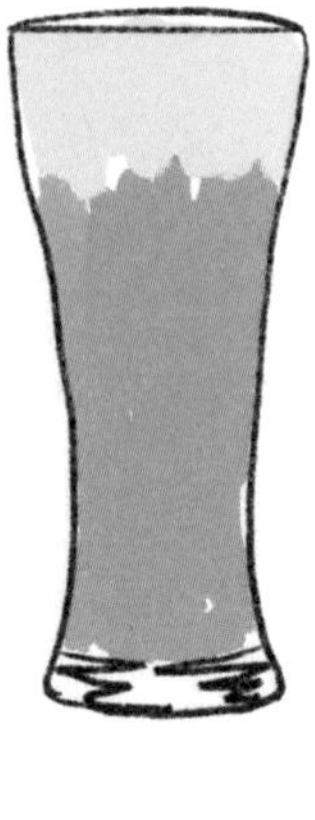

가정이나 레스토랑, 펍 등에서는 머그잔보다 용량이 적으면서 잔 모양이 길쭉하고 바닥보다 입구 쪽이 조금 넓은 형태의 맥주잔을 많이 사용한다. 얇고 긴 잔은 라거 특유의 황금빛과 끊임 없어 올라오는 미세한 기포를 즐기기에 적합하다. 입구가 많이 넓지 않아서 홉의 향이 잘 모이도록 해주며 맥주가 혀를 타고 목으로 흘러들 수 있게 하여 라거의 시원한 탄산감을 극대화해준다. 아메리칸 페일 라거, 필스너, 헬레스 등 가볍고 연한 색의 청량감이 뛰어난 맥주를 즐기기에 적당하다.

누군가는 맥주잔을 맥아, 홉, 물, 효모에 이어 맥주의 5대 요소라고도 부르기도 한다. 최적의 맥주 맛을 즐기려면 맥주잔에 따라 마시는 것이 좋다. 잔의 모양과 크기, 재질에 따라 시각, 미각, 후각에도 영향을 미치며 맥주 맛에 차이를 만든다.

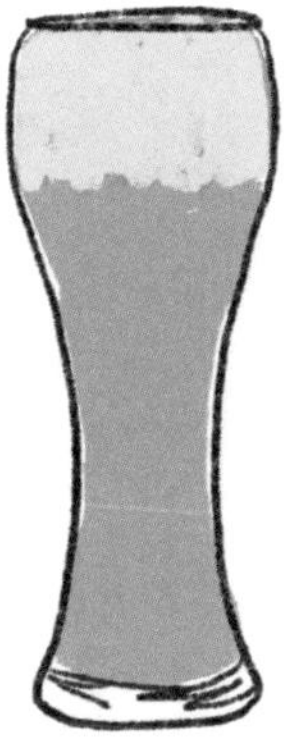

밀맥주 잔

거품이 풍부한 밀맥주의 특성을 잘 살리려면 라거 잔과 비슷하지만 윗부분이 아름다운 곡선형으로 볼록한 잔을 쓰는 것이 좋다. 두터운 거품이 산처럼 수북이 담겨 보기에 좋을 뿐 아니라 풍부한 거품과 함께 밀맥주 특유의 부드러운 질감과 바닐라, 바나나 향을 제대로 느끼게 해준다. 독일식 바이스비어, 헤페 바이젠, 둔켈 바이젠, 벨기에식 윗 비어 등을 즐기기에 적당하며, 라거 잔으로도 활용할 수 있다.

파인트 잔

파인트(pint)는 영국에서 568mL의 용량을 말하는 단위이지만 이제는 맥주잔 이름으로도 고착화 되었다. 영국의 펍에서는 수백년에 걸쳐 파인트라는 잔에 에일을 따라서 판매해 왔기에 전통을 존중해서 에일은 파인트 잔을 사용하는 것이 일반적이다. 높이가 낮고 잔의 입구가 넓어 맥주의 향을 느끼기에 적합하며 페일 에일, 포터, 스타우트, IPA 등 다양한 스타일의 맥주를 따라 마시기에 무난하다.

튤립 잔과 고블릿 잔

튤립 잔과 고블릿(goblet) 잔은 맥주에 체온이 전달되는 것을 방지하기 위해 잔 아래에 손으로 잡을 수 있는 다리가 달려있다. 튤립 잔은 잔 입구 부분이 살짝 닫혀 있어서 향을 모아 주고 향미가 지속되도록 한다. 골든 에일, 블론드 에일, 스카치 에일, 둔켈 등의 맥주잔으로 적합하며 필스너 잔으로 사용해도 좋다.

고블릿 잔은 입구가 넓어 강렬한 아로마를 가진 맥주와 잘 어울리며 혀의 접촉 면적이 넓어 단맛, 쓴맛, 신맛을 골고루 느낄 수 있다. 트라피스트 맥주, 벨기에 에일, 세종, 와일드 에일 등을 따를 때 많이 사용한다. 와인잔이나 브랜디잔으로 대체하여도 좋다.

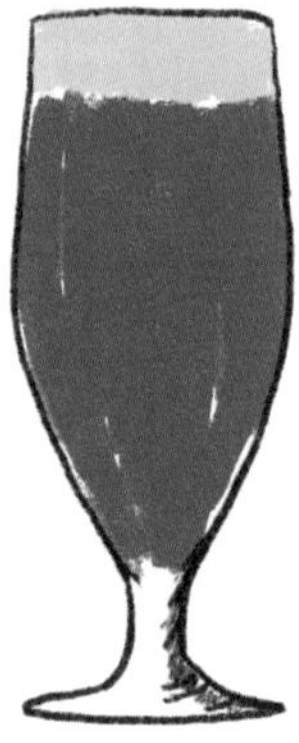

전용잔이 필요한 기네스 스타우트

기네스사의 기네스 스타우트나 킬케니 아이리쉬 크림 에일과 같은 질소 가스가 충진 된 맥주는 한 번에 다 따를 수 있는 전용잔을 사용할 것을 강력 추천한다. 질소 가스는 크림과 같은 미세한 거품이 사그라들지 않고 오랫동안 지속하게 해준다. 하지만 질소가 이산화탄소에 비해 맥주에 녹아있는 양이 적다 보니 처음에는 풍부한 거품이 함께 따라지지만, 뒤에는 거품이 적고 밍밍한 맛이 되기 쉬우므로 한번에 다 따를 수 있는 전용잔이 제격이다.

헤페 바이젠도 1병을 한 번에 다 따를 수 있는 전용 잔을 사용하는 것이 좋다. 병이나 캔 바닥에 효모가 가라앉아 있기때문에 먼저 2/3정도를 따른 뒤에 잘 흔들어 바닥의 효모를 일으킨 다음 남은 맥주를 따르면 뿌연 색감이 시각적인 아름다움과 함께 맛을 극대화시켜 준다.

맥주를 더 맛있게 즐기는,

맥주의 보관과 온도

보관기간

일반적으로 맥주는 오래 보관할수록 신선도가 떨어지고 맛이 나빠진다. 구하기 어려운 특별한 맥주가 아니라면 최근에 생산된 맥주를 그때그때 필요한 만큼만 구입하여 마시는 것이 좋다. 가정에서 맥주를 두고 마실 때에는 선선도를 더 오래 유지할 수 있도록 가급적 냉장보관 하되 1~2달 이내에 마시는 것이 좋다.

그러나 벨기에 괴즈나 크릭, 프람브와즈와 같은 과일맥주, 유산균 발효시킨 사우어 에일이나 알코올 도수가 높은 스트롱 에일, 임페리얼 스타우트와 같은 맥주는 장기보관이 가능하다. 맥주를 장기간 보관할 경우에는 서늘하고 어두운 곳에서 보관하여야 한다. 햇빛에 의해 홉 성분이 분해되어 썩은 달걀, 스컹크 냄새를 연상시키는 일광취가 날 수 있으며, 높은 온도에서는 맥주의 지방 성분이 산화되어 소독약, 마분지와 같은 불쾌한 냄새가 날 수 있다. 특히, 녹색이나 투명한 병에 담긴 맥주의 경우 햇빛이나 형광등 빛에도 맛이 변할 수 있으므로 각별히 주의해서 보관하여야 한다.

보관온도

맥주는 스타일별로 마시기 적당한 온도가 있다. 지

맥주는 스타일별로 마시기 적당한 온도가 있다. 지나치게 차가운 맥주는 본연의 맛을 느끼기 어렵게 만든다. 반면, 맥주 온도가 지나치게 높으면 쓴맛과 단맛이 강하게 느껴지고 탄산가스가 쉽게 날아가 버려 밍밍하다.

나치게 차가운 맥주는 거품이 잘 나지 않고, 맥주의 향기를 불러일으키기 어려우며 혀를 마비시켜 맥주 본연의 맛을 느끼기 어렵게 만든다. 반면, 맥주 온도가 지나치게 높으면 쓴맛과 단맛이 강하게 느껴지고 탄산가스가 쉽게 날아가 버려 밍밍하게 느껴지게 된다.

페일라거, 필스너, 헬레스와 같은 라거 계열의 맥주와 퀼쉬, 밀맥주는 4~7℃정도에서 풍부한 거품과 청량감, 깔끔한 맥아 맛, 은은한 홉의 풍미를 느끼기 좋다. 겨울철에는 약간 높은 온도인 6~12℃정도로 마시는 것이 좋다. 페일 에일, IPA, 포터, 스타우트, 사우어 에일과 같은 맥주는 7~12℃, 임페리얼 스타우트, 스트롱 에일, 도펠복과 같은 맥주는 13~16℃ 정도에서 마시는 것이 적당하다.

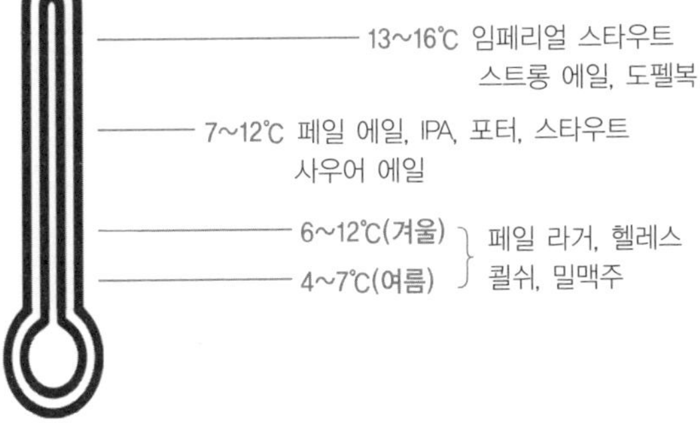

제대로 따라 해보는,

맥주 음미하기

사실 맥주, 와인, 위스키, 전통주 등 대부분의 술을 마실때에도 시각, 후각, 미각, 촉각에 의지해서 그 맛을 음미하면 술맛이 배가 된다.

색감 보기

먼저 잔에 따른 맥주를 집중해서 살펴보자. 맥주는 고유의 색깔과 투명함, 탁함 그리고 거품의 질감과 풍성함의 정도를 눈으로 관찰함으로써 다양한 정보를 얻는다. 옅은 황금색을 띠는 페일 라거에서부터 블랙커피와 같은 검은색을 띠는 스타우트에 이르기까지 맥주 스타일별 고유의 색감을 즐기는 묘미와 함께 아름다운 색깔은 식감을 자극한다.

향기 맡아 보기

다음은 후각을 이용하여 향기를 맡는다. 맥주의 발효 과정에서 자연히 생기게 되는 과일, 꽃, 바닐라 향과 함께 맥아에서 기인한 캐러멜, 토스트, 훈연 향을 비롯하여 독특한 홉 향을 통해서 맥주를 느낄 수 있다. 최근 크래프트 맥주를 중심으로 시트러스, 송진, 열대과일, 꽃 향 등을 느낄 수 있는 강렬한 아로마 홉을 사용한 맥주가 많아지며 홉 향이 맥주의 중요한 향기 요소로 자리 잡았다.

뒷맛이 좋은 맥주는 쓴맛과 신맛, 단맛이 메아리처럼 여운을 남기면서 한 잔 더 하고 싶은 욕구를 부른다.

맛 보기

외관과 향기를 맡아 보았다면 이제 맥주를 맛볼 시간이다. 맥주를 한 모금 머금어서 입안을 골고루 적신 뒤에 쓴맛, 단맛, 신맛, 떫은맛과 알코올의 강도, 탄산의 청량감을 느껴 보자.

미국식 페일 에일이나 IPA와 같은 홉이 강조된 맥주의 경우 상쾌하면서 깔끔한 느낌과 쓴맛이 감상 포인트다. 대체로 맥주의 색이 점점 진해질수록 스페셜 맥아를 풍부하게 사용하여 묵직한 단맛과 입안에서 느껴지는 질감, 무게감이 풍부해진다. 홉이나 발효 과정에 생성되는 은은한 신맛도 맥주의 중요한 성분이다. 와일드 에일은 유산균에서 생성된 신맛이 주요한 맛 성분이며, 과일맥주의 경우 과일 고유의 신맛을 느낄 수 있다.

여운 느끼기

이제 청량감과 함께 목 넘김을 느껴본다. 맥주를 살짝 마신 뒤 입안에 남는 질감과 무게감도 중요한 음미 요소다. 후미가 좋은 맥주는 쓴맛과 신맛, 단맛이 메아리처럼 여운을 남기면서 한 잔 더 하고 싶은 욕구를 부른다.

더 맛있게 즐길 수 있도록,

맥주와 어울리는 음식

사실 맥주에 어울리지 않는 음식을 찾는 것이 더 어렵다. 맥주와 음식의 페어링은 사람마다 기호와 취향이 다르기 때문에 정답이 없지만, 맥주의 스타일에 따라 보편적인 궁합을 알아두면 음식의 선택이 수월해지고 그 페어링 이유를 간략히 곁들이면 술자리의 분위기도 더욱 풍성해진다. 일반적으로 양념과 향신료가 많이 들어간 음식은 강한 풍미의 맥주와 양념을 적게 사용하여 음식 재료 본연의 맛을 살린 담백한 음식은 옅은 향미의 맥주와 잘 어울린다.

우리가 즐겨 마시는 아메리칸 페일 라거의 경우 풍미가 가볍고 청량감이 뛰어나서 대다수의 음식 맛을 반감시키지 않으면서 입안을 깔끔하게 정리해 주는 장점이 있다. 특히 동양의 달거나, 매콤하면서 향신료를 많이 사용한 음식과 궁합이 좋다. 적당한 과일 향과 무겁지 않은 바디감의 페일 에일도 음식의 맛을 누르지 않으며 조화롭게 어우러진다. 달콤하면서 간이 제법 센 편인 갈비, 불고기, 양념치킨 등에는 라거가 무난하지만 좀 더 개성적인 맥주 맛을 즐기려면 음식의 힘에 뒤지지 않는 특유의 진한 홉 향과 쓴맛이 강한 IPA나 맥아의 풍미가 강한 스타우트, 포터 같은 묵직한 맥주와 곁들여도 좋다. 막걸리를 즐겨 마셔왔던 우리 민족은 바이젠과 같은 밀맥주의 맛에 익숙한 편이므로 밀맥주는 해물파전, 삼

특정 지역의 요리는 그 지역에서 생산하는 맥주와 가장 잘 어울린다. 오랫동안 맥주와 요리가 잘 어울리도록 서로의 결점을 보완하고 조화를 이루었기 때문이다.

합, 골뱅이무침 등 토속적인 한국 음식과도 잘 어울린다. 밀맥주는 특유의 바나나, 바닐라 향과 부드러운 거품이 있어 신선한 과일, 샐러드, 모차렐라 치즈와도 조화롭다. 와일드 비어, 괴즈와 같은 유산균 발효에 의한 산미가 강한 맥주에는 식초나 새콤한 과즙을 넣은 소스를 곁들인 요리와 곁들여 보자. 생선회도 좋고, 발효식품인 블루치즈, 홍어회, 하몽과도 잘 어울린다.

특정 지역의 요리는 그 지역에서 생산하는 맥주와 가장 잘 어울린다. 오랫동안 맥주와 요리가 잘 어울리도록 서로의 결점을 보완하고 조화를 이루었기 때문이다. 가령 아일랜드에서는 신선한 굴과 함께 스타우트를 즐긴다. 독일의 옥토버 페스트에서 메르첸과 둔켈의 맛을 더욱 돋보이게 하는 것은 훈제 소시지와 독일식 족발 요리인 슈바이네 학센이다. 칭따오 맥주는 양꼬치구이, 꿔바로우와 환상의 궁합을 이룬다.

한눈에 보는,

맥주 스타일별 음식 페어링

필스너 탄산도●●● 바디감●●○
쓴맛과 꽃과 허브 향.
pairing with.. 치킨, 중국요리, 감바스, 삼겹살, 피자

페일에일 탄산도●●○ 바디감●●○
쓴맛과 향긋한 과일향의 조화.
pairing with.. 햄버거, 프라이드 치킨, 피자, 치즈 플레이트

엠버에일 탄산도●●○ 바디감●●○
화사한 과일향과 캐러멜, 견과류의 풍미.
pairing with.. 샐러드, 견과류

포터 탄산도●○○ 바디감●●●
빵, 비스킷, 토스트의 풍미, 약한 쓴맛과 약간의 달콤함.
pairing with.. 소고기, 불고기, 떡갈비, 탕수육, 초콜릿

스타우트 탄산도●○○ 바디감●●○
커피, 캐러멜 풍미와 달콤쌉싸름한 맛.
pairing with.. 소고기, 굴, 초콜릿, 조개류와 해산물

아메리칸라거 탄산도●●● 바디감●○○
약한 쓴맛과 홉향.
pairing with.. 먹태나 오징어 구이, 감자튀김, 달거나 매운 음식

바이젠 탄산도●●● 바디감●●●
정향과 바나나 향, 밀의 부드럽고 달콤한 질감.
pairing with.. 타코, 과일, 샐러드, 생선회, 초밥

아메리칸IPA 탄산도●●○ 바디감●●○
쓴맛이 강하고 자몽, 송진, 꽃, 열대과일 향 풍부
pairing with.. 매운 음식, 커리, 양념 치킨

브라운에일 탄산도●●○ 바디감●●●
초콜릿, 캐러멜, 견과류의 강한 몰트의 풍미.
pairing with.. 샐러드, 야채, 바비큐

둔켈 탄산도●●○ 바디감●●●
토스트, 구운 빵, 견과류 등의 풍미와 미약한 쓴맛.
pairing with.. 훈제 소시지, 햄, 족발

맥주잔은 깨끗이 씻어서 말린 잔을 사용한다. 잔 표면에 기름기, 이물질이나 먼지가 남아있게 되면 거품이 잘 나지 않고 꺼지기도 쉽다. 벽면에 기포가 다닥다닥 달라붙어 있다면 깨끗하지 않은 잔이다. 맥주를 따를 때 최대한 거품이 나지 않게 가득 따르는

잔에 맥주를 따를 때 맥주를 약간 기울여 조금 격하게 잔 높이의 3/4 정도까지 따른다.

잠시 멈춘 후 맥주의 거품이 안정될 때까지 기다린다.

것은 좋은 방법이 아니다. 맥주 위에 하얀 거품층이 소복이 쌓이게 따르는 것이 좋다. 거품은 이산화탄소가 쉽게 날아가 버리는 것을 막아주고, 맥주의 홉 향, 발효 향을 거품층에 가두어 풍미를 오래도록 지속될 수 있게 해준다.

큰 거품이 사그라들고 조밀한 거품이 남으면 잔을 세우고 나머지 맥주를 잔 중앙에서 천천히 따른다.

거품이 봉긋하게 따르되 거품 높이는 2.5cm 내외가 적당하다. 에일 맥주의 경우는 이보다 조금 낮게 따른다.

조금만 시간을 투자하면 진짜 양조가처럼 맥아와 홉, 효모로 나만의 맥주를 직접 만들 수 있다.

Chapter 05,
Home brewering

맥주
만들기

무엇이 필요할까,

기본 도구 소개

맥주 원액캔(Beer mix can)

맥아를 분쇄하여 뜨거운 물로 당화하고, 맥아 껍질을 제거한 후 홉을 넣고 끓인 맥아즙을 농축하여 담은 캔이다. 원액캔에 물과 효모를 넣고 발효시키면 손쉽게 맥주를 만들 수 있다. 페일 에일, 브라운 에일, 호가든, 스타우트, 포터, 필스너와 같이 맥주의 스타일별로 최적의 맥주를 만들 수 있다.

발효된 맥주를 담는 병은 탄산압을 견딜 수 있는 내압용 페트병이나 마개를 여닫을 수 있는 플립 탑 병을 사용하면 편리하다.

맥아추출물(Malt extract)

맥아를 분쇄하여 뜨거운 물로 당화한 맥아즙을 농축한 제품이다. 맥아추출물을 물에 녹인 후 원하는 홉을 넣고 끓여서 홉 성분을 추출하는 과정을 거쳐서 맥주를 만들 수 있다. 맥주 원액캔이 정해진 맛으로만 만들 수 있다면 맥아추출물은 좀 더 다양한 맥주 맛을 연출할 수 있다. 농축 형태에 따라 캔에 담긴 액상 맥아추출물과 분말 형태로 만든 건조 맥아추출물이 있다.

맥아

페일, 필스너, 밀, 캐러멜, 흑 맥아 등 종류별로 판매하므로 만들고자 하는 맥주에 맞추어 필요한 만큼

사서 사용할 수 있다. 맥아는 미리 분쇄해두면 맥주의 풍미가 떨어질 수 있으니 필요한 만큼 주문해서 그때그때 분쇄하여 양조하는 것이 좋다.

홉

맥주에 상쾌한 쓴맛과 특유의 향기를 부여한다. 100여 가지가 넘는 종류가 있고, 사용하는 홉에 따라 맥주의 맛과 향이 달라진다. 사용하기 쉽도록 펠릿 형태로 만들어진 제품도 있다.

맥주 효모

맥아즙을 발효시켜 맥주로 만들어준다. 에일 효모, 라거 효모와 같이 기본 효모에서부터 맥주의 스타일 특성을 더 잘 살릴 수 있는 다양한 효모가 있다.

발효통과 에어락

맥아즙을 넣고 발효시켜서 맥주를 만들 때 필요한 것이 발효통과 에어락(Air Lock)이다. 발효통은 외부 공기가 차단되도록 밀폐 가능해야 한다. 에어락은 발효통 뚜껑에 꽂아서 사용하는데, 외부 공기가 들어오지 못 하게 해서 맥주가 오염되는 것을 막고 발효과정에서 발생하는 이산화

탄소를 효과적으로 배출시킨다.
일반적으로 맥주를 만들 때 5갤런(약 19L) 또는 6갤런(약 22.7L)을 만들 수 있는 규격화된 제조법이 많으므로 25~30L 정도 크기의 발효통을 구입하는 것이 좋다.

병

발효된 맥주를 담는 병은 탄산압을 견딜 수 있는 내압용 페트병이나 마개를 여닫을 수 있는 플립 탑 병을 사용하면 편리하다. 가능하면 갈색 또는 청색 병을 사용하는 것이 햇볕을 차단하여 맥주 맛이 변하는 것을 막아준다.

스테인리스 당화조와 맥아 껍질 거름망

분쇄한 맥아에 뜨거운 물을 넣어 당화하고, 홉을 넣고 맥아즙을 끓이는 스테인리스 통이다. 일반적으로 38L 용량의 크기를 많이 사용하고, 뚜껑에 에어락 구멍이 있다면 발효통으로도 사용할 수 있다. 맥아 껍질 거름망인 당화조용 거름망 폴스 보텀(False Bottom)은 당화조 바닥에 설치하여 맥아즙에서 맥아 찌꺼기를 제거하는 여과 공정에 사용한다.

맛있는 맥주를 만드는 가장 쉬운 방법,

원액캔으로 맥주 만들기

01 만들기 전, 세균으로부터 맥주가 상하는 것을 방지하기 위해 소독한다. 발효통에 도구를 담고 락스 20mL를 붓고 20분간 소독 후 수돗물로 여러 번 헹군다.

02 점도가 높은 맥주 원액이 잘 쏟아지도록 뜨거운 물에 원액캔을 5분 정도 담가둔다.

03 약 40℃ 내외로 데운 생수 4L를 발효통에 넣고 맥주 원액캔을 붓는다. 설탕 1kg을 넣고 원액과 설탕이 잘 녹도록 저어준다.

04 원액이 잘 녹았다면 차가운 생수 17L를 붓고 긴 스푼으로 2~3분간 격렬하게 저어서 산소를 충분히 공급한 후 효모 5g을 넣어준다.

준비물 페일 에일 맥주 원액캔(1.8kg), 건조 에일 효모(5g), 설탕(1.2kg), 생수 21L / 발효통, 에어락, 맥주 패트병(1L) 23개, 락스 20mL, 스테인리스 긴 스푼, 소독용 알코올

05 뚜껑을 닫고 에어락에 소독용 알코올 1/3을 채운 후 꽂는다. 실내온도(18~24℃)에서 5~8일간 발효시킨다. 기포가 분출되지 않으면 발효가 끝난 것이다.

06 물 10L에 락스 약 20mL를 희석해서 1L 페트병 23개를 소독하고 수돗물로 헹구어 물기를 말린다. 깔때기를 꽂고 설탕 1+1/2 티스푼(약 7.5mL)을 넣는다.

07 발효통 꼭지를 열어 페트병에 맥주를 담고 마개를 닫아 18~25℃의 장소에 둔다. 첨가한 설탕으로 2차 발효를 일으켜서 풍성한 거품과 청량감을 더한다.

백악관에서 탄생한 버락 오바마의 맥주,

백악관 허니 포터 만들기

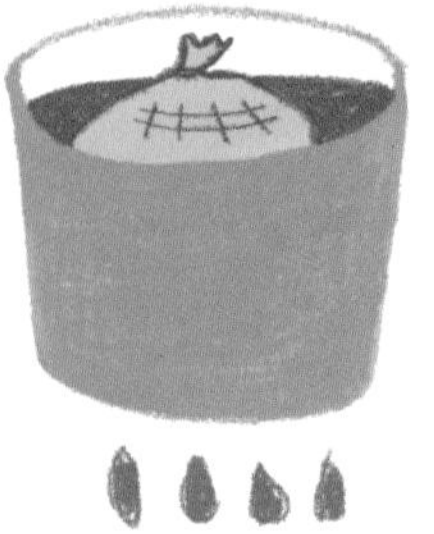

01 6L 이상 크기의 냄비에 물 2.2L를 넣고 76℃로 데운 후, 뮌헨 맥아 340g, 크리스털 20L 맥아 450g, 흑 맥아 170g, 초콜릿 맥아 85g을 담은 곡물 주머니를 담가 둔다. 물의 온도는 68℃를 유지하도록 가끔 가열하면서 45분간 맥아를 당화시킨다. 다른 냄비에는 물 7.6L를 76℃ 정도로 데워둔다.

02 당화가 끝나면 냄비 위에 스테인리스 바구니를 올리고 곡물 주머니를 건져낸다. 76℃로 데워 둔 물을 건져낸 곡물 주머니 위로 천천히 부으면서 곡물에 남아있는 당분까지 알뜰하게 내린다.

준비물 밝은색 액상 맥아추출물(1.5kg) 2캔, 뮌헨 맥아 340g, 크리스털 20L 맥아 450g, 흑 맥아 170g, 초콜릿 맥아 85g, 벌꿀 450g, 비터 홉(Cluster 또는 Northern Brewer) 38g, 할러타우 아로마 홉(Hallertaur tradition 또는 Hallertaur Mittelfruh) 14g, 건조 에일 효모 1팩(5g), 병입용 콘슈가 240g, 생수 21L / 발효통 2개, 에어락, 맥주 페트병(1L 기준) 19개, 스테인리스 바구니, 스테인리스 긴 스푼, 락스 20mL, 소독용 알코올, 온도계, 곡물 주머니, 냄비 2개(6L 이상, 12L 이상)

03 12L 냄비에 당화시킨 맥아즙과 스테인리스 바구니에서 회수한 맥아즙을 함께 넣고, 맥아추출물 2캔과 벌꿀 450g을 넣고 잘 저어준다.

04 잘 녹인 맥아즙을 1시간 동안 팔팔 끓인다. 끓기 시작하고 15분쯤 비터 홉 19g을 넣고 30분 후 나머지 19g을 넣고 1시간 끓인다. 불을 끄고 할러타우 아로마 홉 14g을 넣고 15분간 방치해 둔다.

05 이제 양조 도구들을 소독한다. 발효통에 양조 도구를 담고 락스를 20mL를 부어서 20분간 소독한 다음 수돗물로 여러 번 헹군다.

06 소독한 발효통에 생수 7.6L와 홉을 우려낸 맥아즙을 넣고 총 19L가 되도록 물을 채운 후, 얼음을 담은 욕조 또는 수조에 발효통을 넣고 맥아즙을 21~27℃로 냉각시킨다.

07 맥아즙이 담긴 발효통을 테이블 높이에 올려두고 아래에 소독한 새 발효통을 둔다. 홉의 찌꺼기가 딸려 나오지 않도록 조심스럽게 맥아즙이 담긴 발효통의 꼭지를 열어 아래의 새 발효통으로 옮긴다.

08 옮겨 담은 맥아즙을 스테인리스 스푼으로 세차게 저어서 산소를 충분히 공급한 다음 효모 5g을 넣어준다.

09 발효통의 뚜껑을 닫고 에어락에 물을 반쯤 채워 설치한다. 17~21℃의 온도로 3~4일간 발효시킨다.

10 발효 중인 발효통을 테이블 높이에 올려놓고 살균한 새 발효통을 아래에 둔다. 테이블 위 발효통의 꼭지를 열어 찌꺼기가 나오지 않도록 호스를 사용해 옮겨 담은 후 4~7일간 더 발효시킨다.

11 냄비에 180g의 콘슈가를 물 1컵에 넣고 15분간 끓인다. 2차 발효가 끝난 발효통 바닥에 가라앉은 찌꺼기가 나오지 않게 꼭지를 열어 1차 발효통에 다시 옮겨 담은 후, 콘슈가액을 붓고 골고루 저어준다.

12 소독해둔 맥주병에 나눠 담은 후 18~25℃ 내외에서 2~3주 동안 보관하면 완성된다.

맥아 홉 효모 물로 하는 진짜 홈브루잉,

아메리칸 IPA 만들기

01 당화통에 맥아 껍질 거름망(폴스 보텀)을 설치한 후 물 20L를 75℃ 정도로 데운다.

02 페일 맥아 5kg, 캐러멜 20L 맥아 300g, 카라필스 맥아 400g을 당화조에 넣고 1시간 동안 당화시킨다. 온도는 65~68℃ 정도로 유지하면서 10분에 한 번씩 잘 저어준다.

03 당화가 끝난 당화조를 높이 올려놓고 아래에 플라스틱 비커를 받친 후 꼭지를 열어 맥아즙을 걸러낸다. 처음에는 혼탁한 맥아즙이 나오지만 걸러낸 맥아즙을 다시 당화조에 부어주기를 반복하다 보면 맑은 맥아즙이 나온다.

준비물 페일 맥아 5kg, 캐러멜 20L 맥아 300g, 카라필스 맥아 400g, 센티니얼 홉 28g, 캐스케이드 홉 56g, 넬슨 소빈 홉 28g, 건조 에일 효모 5g 1팩, 설탕 150g / 발효통 2개, 에어락, 스테인리스 당화통(폴스 보텀 포함), 다시 백 4개, 스테인리스 긴 스푼, 플라스틱 비커, 락스 20mL, 맥주병(1L 기준) 19개, 온도계, 소독용 알코올

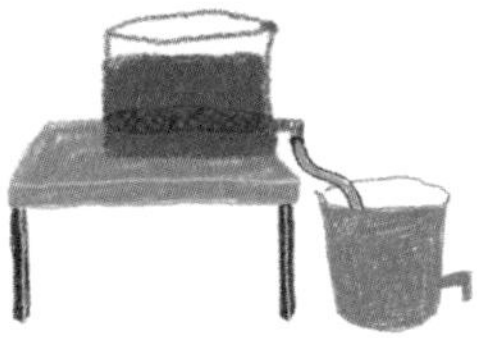

04 맑은 맥아즙이 나오면 소독한 발효통을 받치고 밸브를 열어 맥아즙을 받는다. 꼭지에 실리콘 튜브를 끼우면 작업하기 편하다. 다른 냄비에는 물 10L를 76℃정도로 데워둔다.

05 맥아즙을 다 받고 당화조 속 남아 있는 맥아 껍질 위에 데워둔 물을 천천히 부어주어 껍질에 있는 당분까지 내려준다.

06 당화조의 맥아 껍질과 거름망을 제거하고 깨끗이 씻은 후, 걸러낸 맥아즙을 모두 넣고 강한 불로 60분간 가열한다.

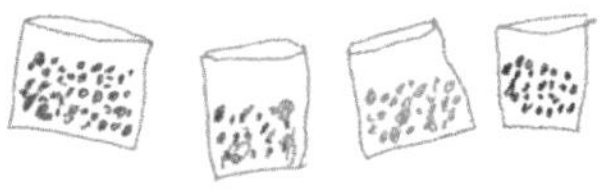

07 센티니얼 홉 28g을 백에 담아서 끓는 맥아즙에 넣는다. 45분 후 캐스케이드 홉 28g을, 55분 경과 후 캐스케이드 홉 28g을 넣고 60분간 끓인 후 불을 끄고 넬슨 소빈 홉 28g을 다시 백에 담아 맥아즙에 넣는다.

08 수조나 욕조에 차가운 물을 채운 후 당화조를 넣고 식힌다. 빠르게 식히는 것이 좋으므로 얼음을 넣으면 좋다. 맥아즙의 온도를 낮추면 맥아즙 속의 찌꺼기가 당화조 바닥으로 가라앉는다.

09 당화조의 맥아즙 온도가 28℃ 이하로 낮아지면 당화조가 흔들리지 않도록 조심하며 테이블 높이에 올려둔다. 침전물이 완전히 가라앉도록 10분 정도 기다린 후 아래에 소독한 발효통을 받치고 당화조 꼭지를 열어 식힌 맥아즙을 발효통으로 옮긴다. 가급적 찌꺼기가 나오지 않도록 조심한다.

10 발효통으로 옮긴 맥아즙의 양이 19L인지 확인하고 양이 부족하다면 생수 또는 끓였다 식힌 물을 넣고 19L를 맞춘다. 완성된 맥아즙을 스테인리스 스푼으로 세차게 저어서 산소를 충분히 공급한다.

11 효모를 넣고 발효통 뚜껑을 덮은 후, 소독용 알코올 2/3를 채운 에어락을 설치한다. 온도 17~23℃인 장소에서 7일간 발효시킨다. 발효가 완료되면 에어락에 기포가 생기지 않는다.

12 살균한 맥주병에 병용량 1L 기준으로 설탕 1+1/2 티스푼(약 7.5mL)을 넣고, 발효가 완료된 맥주 원액을 옮겨 담는다.

13 20~25℃ 정도에서 1~3주 동안 두면 탄산화 및 숙성이 진행된다. 이제 맥주를 냉장고에 보관하면 아메리칸 IPA가 완성된다.

〈참고문헌〉

1. Jeff Alworth, [The Beer Bible], Workman Pub Co

2. Richard Croasdale, [The Craft Beer Dictionary], Mitchell Beazley

3. Dave Miller, [Dave Miller's Homebrewing Guide] Storey book

4. Marty Nachel, [Homebrewing for Dummies], Hungry Minds

5. 조호철, [나만의 맥주 만들기], 넥서스 Books

6. 정철, 박찬석, 여수환, 조호철, 노봉수, [맥주개론], 광문각

7. 김선운, [Craft Beer Book], 숨

8. 멜리사 콜(정영은 옮김), [맥주 상식사전], 길벗

9. 이기중, [유럽 맥주 견문록], 즐거운 상상

10. 마카 리싸넨, 유하 타흐바나이넨(이상원, 장혜경 옮김), [그때, 맥주가 있었다], 니케북스

11. 심현희, [맥주 나를 위한 지식플러스], 넥서스Books

12. 김만제, [맥주 스타일 사전], 영진닷컴

13. 조슈아 M 번스타인(정지호 옮김), [맥주의 모든 것], 푸른숲

14. https://www.guinness.com

15. https://www.theheinekencompany.com

16. https://www.carlsberggroup.com

퇴근 후, 맥주 한 잔

초판1쇄 인쇄 2020년 10월 22일
초판1쇄 발행 2020년 11월 04일

지은이 조호철
펴낸이 최병윤
편집자 이우경

펴낸곳 리얼북스
출판등록 2013년 7월 24일 제2020-000041호
주소 서울시 서대문구 증가로30길 29-2, 1층
전화 02-334-4045 팩스 02-334-4046

종이 일문지업
인쇄 수이북스

ISBN 979-11-86173-90-9 13590
가격 13,500원

이 도서의 국립중앙도서관 출판예정도서목록(CIP)은 서지정보유통지원시스템 홈페이지(http://seoji.nl.go.kr)와 국가자료종합목록 구축시스템(http://kolis-net.nl.go.kr)에서 이용하실 수 있습니다.
(CIP제어번호:CIP2020043809)